La Materia, La Información y La Vida

Los principios son inmutables, su interpretación lo que queremos.

Juan D. Arango R.

Asistencia Editorial:

    Catalina Arango

    Maria Paulina Restrepo

Está prohibida la reproducción parcial o total de esta publicación de acuerdo a los derechos de autor.

ISBN: 978-0-9831683-0-0

Dedicatoria

A mi esposa, Clara, que ha sido como el viento para la cometa.

A mis hijas, Carolina y Catalina, con las que he aprendido tanto.

A mi familia y mis amigos, que me han apoyado en este proyecto.

4 | La Materia, La Información y La Vida

Contenido

Prefacio 7
Introducción. 15
Primera Parte:
La Materia, Partículas En Interacción. 19
    Estructuras 21
        Estructura De Las Partes De La Materia. 23
        Estructura Estelar De La Materia. 27
        Estructura De La Materia Viva 31
    Desequilibrio 37
    Un Modelo 43
Segunda Parte:
La Información, Juicios A La Materia. 53
    ¿Qué Es Información? 59
        Percibir 61
        Discriminar 64
        Almacenar 69
        Comparar 71
        Juzgar 74
    ¿Donde Está La Información? 79
        Verdad Particular, La Filosofía De Vida 81
        Verdad Convencional, La Cultura Y La Ciencia ... 87
        Verdad General, La Materia 93

10 Conceptos Informáticos Básicos. 97
1. La Perfección, La Homogeneidad. 98
2. Los Puntos De Vista 102
3. La Lógica 104
4. La Estructura. 107
5. Los Ciclos 109
6. El Equilibrio 111
7. La Medición 115
8. Los Números Y Las Matemáticas 118
9. El Tiempo 122
10. La Trampa Informática. 129

Tercera Parte:

La Vida, Materia Con Capacidad Informacional. 133

Paradigmas De La Materia, La Información Y La Estructura. 148

Pensar, Movimiento De La Información. 154

Usos De La Información 163

Toma De Decisiones 167

Comunicación 175

Niveles En La Capacidad Informacional 183

Inteligencia Y Consciencia 188

Ideas Sólidas, Información A Toda Distancia 195

Bibliografía 201

Glosario: 205

Prefacio

"Nunca como ahora, que se está gestando el cauce social del nuevo hombre, se ha hecho tan necesaria la investigación científica —objetiva y sistemática— de la naturaleza humana. Nunca como ahora, también, ha sido tan conveniente que los datos alcanzados por la ciencia se pongan al servicio y beneficio del mayor número posible de personas, para contribuir al alivio de sus pesares."
Emilio Mira y López.

El objetivo de la información en este libro, es llevar al lector a pensar de una manera más integral. Hacer uso de la información de una manera integral, inicia entendiendo que sin materia o sin información usted no puede vivir, requiere ambas. La materia define sus necesidades, la información usada para definir sus necesidades, crea sus deseos. Al mismo tiempo, la función de este libro es hablar de la capacidad más sobresaliente de los seres humanos, con respecto a otros seres vivos, su avanzada capacidad informacional, que todavía no está adecuadamente direccionada, nos falta entender que como humanidad, somos un ser vivo y cada uno de nosotros, una parte de él.

Thomas Kuhn introdujo el concepto de paradigma, un filtro en nuestra mente, que dirige nuestra percepción de la naturaleza. Katherine Benziger ha extendido la idea de ese filtro, a cuatro formas diferentes de procesar los hechos. El punto de vista presentado en el libro, requiere mirar la naturaleza de una forma más desprevenida, no como reyes de la naturaleza, sino como una parte de ella. Somos materia que tiene las mismas propiedades de cualquier otra materia, hablando de los átomos que nos conforman. Pero un proceso especifico, la capacidad informacional, nos hace seres vivos. Por supuesto, no es fácil que nos lleguen con nuevas ideas, pues cada uno tiene su propio modelo, uno que lo ha llevado hasta donde está, que le es familiar, que usa con frecuencia en todas sus acciones. Cualquiera que sea su forma de ver el mundo siempre hay espacio para mejorar; por lo menos es lo que pensamos los progresistas, que el mundo de mañana puede ser mejor en todo sentido.

Pretendo acertar en mi objetivo: Dar a entender que la libertad y la justicia depende de las personas y habrá más paz y felicidad en cada persona, si tomamos responsabilidad. Haré mi mejor esfuerzo en la función de escritor. Aunque quisiera un escrito sin tacha alguna, estoy lejos de maestros de la palabra escrita, entonces solo quiero poder expresar mis argumentos acertadamente y llegar fácil a buenos entendedores, asimismo, no hacer la tarea difícil para los otros. Como no existe la perfección, no puedo decir que quisiera la libertad y la justicia para todas las personas, pues como es sabido, la libertad y la justicia son conceptos personales, cada uno de los seres vivos tiene su propia idea de ellos. Ahora, si logro hacer entender, que todos somos responsables de nuestras propias vidas a través de nuestras decisiones, y que habrá más paz y más felicidad si conseguimos obrar con más justicia con nosotros mismos y con los demás, mi tarea habrá tomado rumbo. Nadie puede quitarnos la libertad de tomar nuestras propias decisiones, solo la falta de fe y valor, permite que nos sometamos al trato injusto de otros; no es fácil, pero está en nuestras manos vivir mejor.

Me contentaré con ayudar a direccionar el cambio, hacia la justicia humana. Pues como es sabido, la justicia perfecta es de otro

www.matterinfolife.com

mundo, del mundo informático donde todo puede ser perfecto y este, es el mundo de los humanos, construido sobre la naturaleza de la materia; lo digo con toda certeza. Los humanos estamos llevando el cambio en una dirección irracional, instintiva, somos como todos los otros animales, vivimos de las emociones, envolviendo los hechos. Hace falta más conciencia y no en la dirección racional sino en la filosófica, pues hay sofistas que tratan de confundir el bien común con el ser iguales, necesitamos una vida mejor para todos, no una vida igual para todos. No quiero hablar del comunismo que es tan "altruista" pues me fastidia tanto como el capitalismo que es tan "egoísta". La belleza está tanto en la justicia, que hace seres humanos de carácter; como en la alegría de un niño o niña, que nos llena de satisfacción; como en las fiestas donde se baila, se canta y se hacen amigos; también hay belleza en la satisfacción del deber cumplido, cuando procesamos los recursos de la naturaleza y construimos puentes o carreteras para mejorar la comunicación sin destruir el medio ambiente.

La materia es la base de todo lo que vemos y la base de nuestra substancia. Esto es negado por algunos que hablan de algo antes de la materia. ¿Cómo es posible eso? Todo es posible en el mundo de la información, por algo somos los reyes de la naturaleza. ¿Cuándo ha visto a un ser con menos capacidad informacional, los que llamamos animales, reírse por un chiste? Así mismo ¿Cuándo ha visto un altar en el sitio compartido por una manada de chimpancés? Claro, aquellos que niegan la materia como la base de todo lo que existe, demeritan la capacidad informacional de los otros seres vivos. Pero, ¡todos los seres vivos tienen capacidad informacional o no son seres vivos! Luego la diferencia está en la calidad, la cantidad y el objetivo que se persigue con la capacidad informacional. Medir la cantidad es un asunto informático, que

info@matterinfolife.com

nosotros hemos aprendido a manejar con la creación de los números, No un asunto de si se puede o no pensar, o vivir solo de instintos. Nuestra vanidad como humanos nos lleva a decir que somos los seres preferidos de la naturaleza. La realidad está muy distante de esa preferencia, toda fortaleza, toda herramienta viene con sus propias debilidades. Tener la capacidad informacional más desarrollada nos ha hecho los reyes de la naturaleza, pero ha creado sus propios problemas; llevamos la carga del deber, matamos como ningún otro animal y tan masivamente como podemos y luego de esto, nos justificamos o creamos motivos para haberlo hecho y nos sacamos en limpio sin el menor sonrojo.

Aun hoy, siglo XXI, las propiedades de la materia todavía son un misterio, ¡Qué podemos esperar entonces de las propiedades de los seres vivos y de su capacidad de manejar información! Al no tener clara la estructura de la materia, verdad general a todos los seres. ¡Cómo vamos a poder tener claro la formación de las estructuras materiales que antecedieron la formación de los seres vivos! ¡Cómo vamos a poder tener clara la dinámica del cerebro u otros órganos del cuerpo! La información es el resultado de la capacidad informacional, el proceso que llamamos vida (Arango, 2010). La información es un proceso único y particular. Único para todos los seres vivos y particular a cada uno de ellos, pues no hay dos seres vivos que hayan vivido la misma experiencia. Usted dirá que ha vivido la misma experiencia de su compañía en una fiesta. Pero no es así, usted habrá mirado desde un punto de vista ligeramente diferente a su contraparte, usted está en un lugar diferente. Además, cada uno tiene su verdad particular, usted la suya y su pareja la de ella. Ambas verdades distintas, complementarias en algunos aspectos, paralelas en otros, pero siempre particulares. La era de la información está sobre la tierra desde la primeras briznas de vida y su calidad es la misma, abstracta, juguetona, y de significado particular y único para el que la posee. Luego la información, nos crea una filosofía de vida y una forma de ejecutar nuestra vida, una forma de vivir.

El método científico nos enseñó a aislar el mundo, ha sido y seguirá siendo útil. Pero es hora de adicionar el enfoque sistémico a nuestras vidas y entender que la interacción de las partes crea nuevas propiedades, que no se explican descomponiendo el sistema. Además, estas propiedades emergentes no cumplen leyes lógicas, muchas no son aditivas y las opciones no son en blanco y negro sino en colores[1], lo cual representa muchas más opciones que los extremos, es o no es, que algunos toman como estás conmigo o contra mi. Hay que trabajar en vivo, con enfoques multidisciplinarios (varios puntos de vista a la vez) y conseguir la idea más sólida (varias interpretaciones a esos análisis); en otras palabras, el concepto de información y el concepto de vida, no es posible entenderlo sin entender las interacciones de las partes que crean propiedades emergentes, un efecto combinado. El reto es grande, pero no mayor que otros retos que ya hemos superado. Entendamos que el movimiento de las partículas elementales define los procesos y que los sistemas son un estado instantáneo de estos procesos. Por ahora no entendemos los detalles en muchos procesos naturales incluyendo el fuego y la vida, esto no los hace sobrenaturales. Esto si nos muestra que debemos mejorar el conocimiento de lo que nos rodea y tener claro la diferencia

---

[1] Mencionado por mi hija, Catalina, en el proceso de discusión del libro. Esto tiene varios aspectos interesantes pues usualmente se habla de grises, como las combinaciones que resultan entre blanco y negro. Pero por descomposición de la luz, el blanco es la composición de todos los colores, teniendo más opciones a colores que en grises.

info@matterinfolife.com

entre la materia, las acciones sobre ella y el resultado de las mismas.

La humanidad ya ha pasado el límite de la necesidad física o material, lo digo en el sentido de que la mecanización del trabajo hoy permite la liberación de mano de obra, o debería decir de cerebros; así aplicando más inteligencia, de maneras más productivas y trabajando en más áreas del conocimiento con objetivos más humanos y de marera más sistemática, podremos llegar a sitios más lejanos hacia arriba, otras galaxias o hacia abajo, descubrir la estructura de la materia. Además, ahora que las herramientas de mecanización y producción permiten que usemos la mente más allá que antes, ha llegado el momento de hablar más claramente con nuestra conciencia, definir quién es quién y donde están los límites de la libertad y la justicia. La libertad de elegir un camino práctico o idealista según nuestras capacidades y no uno pesimista o uno optimista con la conciencia de otro, aunque ese otro sea alguien cercano. La justicia no es la ley, la justicia se debe ver en las calles, hablo de justicia real, donde cada quien tiene lo que se merece, no de igualdad; todos debemos como comunidad, tener lo básico, es conciencia; y todos podemos correr riesgos entre lo práctico y lo idealista y ser premiados por los resultados de nuestro trabajo con más de lo básico, es inteligencia.

Por eso quiero hablar de la materia, partículas en interacción que se estructuran y adquieren propiedades emergentes, propiedades que no poseen las partículas individuales que forman la estructura; y de la información, juicios a la materia que nacen de una estructura particular de la materia, llamada seres vivos. Allí en los seres vivos, donde se da la exteracción de ambas, se crea la posibilidad de cerrar el círculo y direccionar la transformación de la materia, llevándola más allá de la interacción aleatoria, llevándola

www.matterinfolife.com

de manera estratégica al servicio de nosotros los seres vivos.

Asimismo, quiero hablar de la información que por sí sola, nos permite viajar sin límites en sus dominios y "vivir" la vida perfecta; desde una vida plana, estoica, humana, hasta una vida brillante, epicúrea, bellísima o si lo preferimos una ondulada que se mueve entre lo humano y lo perfecto.

Me dicen que soy muy teórico, llevo abstracciones al extremo. Espero hacer las abstracciones adecuadas, las que permitan mostrar que todo lo que nos ocurre es de este mundo, es natural y que no hay nada sobrenatural. Si algo nos falta, es entender que el camino más corto a un mundo mejor, es ser más justos entre nosotros y con nosotros mismos.

Mi mensaje es un mensaje de justicia. Todos merecemos vivir y hacerlo dignamente, aportando a la comunidad y recibiendo de ella.

info@matterinfolife.com

Introducción.

"Todo problema es un asunto de información" Juan D. Arango.

Los principios son simples. El principio de la materia, es la partícula elemental. Los tipos de partículas son unas cuantas, tienen dos propiedades básicas, masa y carga. El número de partículas elementales que existe es prácticamente infinito. Las partículas elementales se "auto organizan" de diferentes maneras formando grupos que llamamos átomos, moléculas, células, sólidos, líquidos, planetas, estrellas, etc. Estos grupos de partículas elementales son los que llamamos seres. Cada ser adquiere propiedades según la estructura y la cantidad de partículas elementales que intervienen. Como principio de comunicación, definamos las palabras, ser y objeto. Un ser es materia. Un objeto es información.

Los seres son agrupados en dos tipos, seres vivos y seres inertes. Los seres vivos se diferencian de los seres inertes por su capacidad de replicarse. Cuando un ser vivo se replica crea estructuras de partículas elementales que tienen prácticamente las mismas propiedades de la estructura original. Tradicionalmente, además del principio de reproducción o replicarse, los seres vivos se han definido por otros principios como, crecimiento, adaptación y reacción a cambios en el ambiente, y morir.

Los principios de los seres vivos requieren un proceso exclusivo de ellos; la capacidad informacional. La capacidad informacional es la esencia de la vida y le permite al ser vivo crear información al discriminar su ambiente. Con la capacidad informacional y la información, el ser vivo toma decisiones para la realización de los procesos que lo diferencian del ser inerte. El ser vivo crea grupos de seres vivos, mediante el proceso que llamamos comunicación. La comunicación permite la realización de actividades especializadas entre los grupos de seres vivos, creando economías en la realización de los procesos vitales. La comunicación le permite a un grupo de seres vivos, realizar proyectos que no son posibles por ninguno de ellos individualmente.

Los principios materiales que existen detrás del fuego y de la vida son los mismos. Claro son un "misterio" para el ser humano. Ambos son procesos naturales de los cuales apenas empezamos a descubrir sus principios. Conocemos las estructuras materiales, podemos definir las partículas que hay en cada uno de estos procesos, pero no entendemos los principios que rigen su accionar y que crean la luz en el caso del fuego y la información en el caso del ser vivo. Los seres humanos controlamos nuestra mente, pero requerimos del trabajo en equipo de las células, nuestra estructura viva, para llevar a término cualquier proyecto.

No pierda de vista en la lectura del libro, su interpretación de lo que le rodea es su información, si no existen seres vivos no existe información. El libro está dividido en tres partes, como el titulo, la materia, la información y la vida. En la primera parte miraremos estructuras de la materia, como ya lo mencionamos, grupos de partículas elementales. Los seres que observamos, nos ayudan a entender los diferentes grupos de partículas, pues nos permiten crear niveles de referencia y crear estructuras conceptuales. El

www.matterinfolife.com

primer nivel de referencia que tenemos para las partículas elementales es el átomo, luego las moléculas, etc. El universo esta en presente, está en desequilibrio, recreando las diferentes estructuras de partículas elementales. Discutiremos un modelo, donde cualquier estructura puede llevarse a la idea de sistema, conjunto de partes en interacción. Asociando la estructura a un sistema, el cambio de estructura crea un nuevo sistema. La diferencia entre el primer sistema y el nuevo sistema da origen a la noción de proceso, y a la noción de interacción de las partículas.

Ya creada la noción de proceso, en la segunda parte, la información, empezaremos a definir el proceso de creación de información. La cual requiere del desequilibrio de la materia, no solo para crear cualquier estructura, sino también para la creación de la capacidad informacional de los seres vivos. Todo este proceso es conceptual, antes de poder tener detalles técnicos, requerimos entender el concepto de lo que es información expuesto en este libro. Luego podemos seguir el mismo proceso que han seguido algunos descubrimientos, como la luz laser. La información de los animales superiores puede estar almacenada en los campos magnéticos del cerebro, la mente. Es el equivalente a la memoria RAM de los computadores, la información que está en uso. Pero igualmente, hay una información que está almacenada con medios materiales, que la mente debe traer para procesar, es el equivalente al disco duro. Es memoria que está en las células del cerebro y sus conexiones. Toda la información que un ser vivo tiene está en su verdad particular. Al compartir verdad particular, creamos verdad convencional, es una información que compartimos. Sin verdad convencional no es posible comunicarnos. Luego veremos 10 principios informáticos básicos, puede haber más, podemos simplificar éstos, son un punto de partida.

info@matterinfolife.com

En la tercera parte, al combinar los dos conceptos de materia e información, encontramos la vida. Los paradigmas son base para la capacidad informacional, son los enfoques o puntos de vista, sobre los cuales pensamos. Luego, analizaremos el concepto de pensar como el movimiento de información. Pensar, capacidad informacional, etc. tenemos un proceso cómo el de una orquesta donde nuestra mente, es el director. La información tiene dos usos básicos, tomar decisiones y comunicarnos, estos existen a todos los niveles de la capacidad informacional. Hay diferencias en la capacidad informacional entre una célula y un ser multicelular. La noción de inteligencia nos permite entender las partes de la materia y las interacciones entre ellas, y la noción de conciencia nos ayuda a entender los todos y nuestras exteracciones con ellos. En las ideas sólidas, miraremos como una idea, después de llegar a decisión en el ser que la toma, debe crear consenso entre los participantes, y terminar como se dijo, o no será una idea sólida.

Primera Parte:

La Materia, Partículas En Interacción.

"El fenómeno más obvio y fundamental que observamos a nuestro alrededor es el de movimiento." Alonso & Finn

La materia es definida en forma práctica como todo lo que tiene masa y carga, y está ocupando un lugar en el espacio. Desde el punto de vista filosófico[2] se le da la definición de ser, déjeme decir materia, a todo elemento que existe, o sea, un ser es cualquier cosa tangible, que nuestros sentidos perciben directa o indirectamente. Para este libro, o si lo prefiere para el autor, la materia es un grupo de partículas que tiene masa y carga, ocupa un lugar en el espacio y puede crear acciones perturbadoras.

Cuando hablamos de un grupo de partículas, se nos viene a la cabeza la idea de alguna figura. Las figuras son estructuras de la materia. Hablando estrictamente no deberíamos ver un continuo, deberíamos ver las partículas elementales. Deberíamos ver las pequeñas partículas que forman la materia. Pero estamos "atrapados" por nuestro tamaño y los sentidos que no nos permiten ir hasta allá. Los sentidos discriminan lo percibido y lo

---

[2] Filosofía es el amor por la sabiduría. Diccionario de la lengua española (vigésima segunda edición), Real Academia Española, 2001

comunican a nuestro cerebro. Allí le damos interpretación según nuestra capacidad informacional, creando una verdad para cada uno de nosotros, nuestra realidad.

El universo tiene todas las partículas que existen, o sea que el universo tiene toda la materia que existe. Digamos que hay un grupo de partículas, concretamente 10^{28} ¿Qué tenemos entre manos? Un montón de proteínas, millones de ellas o una pared de ladrillo, ambas opciones son posibles. Hoy en día se acepta que cualquiera de ellas está formada por las mismas partículas básicas: protones, neutrones y electrones. Lo mismo que sucede para la proteína o el ladrillo, sucede para una planta, el sol, la luna, un animal, un quásar. Todos estos cuerpos o seres son parte de la materia, grupos de partículas que tienen masa y carga, ocupan un lugar en el espacio y actúan entre ellas formando estructuras. La diferencia para que cada grupo de partículas luzca y actúe diferente es la estructura. Con cada reagrupación, los grupos de partículas adquieren propiedades emergentes que son inherentes a ese tipo de estructura. No todas las partículas hacen parte de estructuras, pero todas hacen parte del universo. Las que se estructuran lo hacen de innumerables maneras y las que no, están listas para hacerlo cuando la acción o acciones adecuadas tomen lugar. Luego en el universo tenemos todas las partículas que existen, sueltas o agrupadas siempre actuando y formando diferentes estructuras, cada una con sus propiedades.

Miremos algunas de estas estructuras antes de entrar en un modelo que nos ayude a interpretar lo que nos rodea.

Capítulo 1.

Estructuras

Según la definición de materia de este libro: "un grupo de partículas que tiene masa y carga, ocupa un lugar en el espacio y puede crear acciones perturbadoras", podemos decir que las partículas elementales tienen propiedades básicas, masa y carga. Estas propiedades básicas las podemos llamar principios y al resultado del conjunto de todas las partículas y sus interacciones, universo.

Sin el uso de información, lo único que existe en el universo son las partículas. La única referencia es la partícula elemental y todo es partículas. Al usar información, podemos decir que, un grupo de partículas elementales que no es el universo, se combina según sus principios y esa combinación la podemos llamar todo, unidad, sistema o ser. El grupo de partículas se puede identificar por puntos de vista básicos como: la cantidad, la calidad y las acciones que hay entre ellas. De esta manera tenemos, una referencia informática y podemos asignar límites basados en estos tres puntos de vista. De esta manera pudiéramos clasificar los grupos de partículas en el universo, tomando como referencia la cantidad de partículas elementales. Para esto usaríamos los números y diríamos que las partículas elementales, todas tienen el numero uno. Cuando queremos crear otros todos desde el punto de vista informático, digamos una pareja, diríamos grupo de partículas de dos y así sucesivamente. Estaríamos usando las matemáticas, que algunos llaman el lenguaje regulador o constructor del universo, como referencia para los grupos. Usando la calidad, pudiéramos usar el principio de la carga y diríamos que si se juntan son un grupo que se atrae, y las contaríamos nuevamente, etc.

Ahora, nosotros los seres humanos, que también somos inmensos grupos de partículas elementales, hemos observado que con base en los principios de la materia, masa y carga, las partículas elementales crean grupos básicos, con propiedades que nos permiten distinguir unos grupos de otros y que llamamos átomos. Del mismo modo, los grupos de partículas elementales se juntan y forma otros grupos que llamamos moléculas y así mismo, otros grupos más complejos que llamamos planetas o estrellas. De la misma manera, hay grupos de partículas que tienen un comportamiento similar al nuestro y distinto a otros grupos, pues pueden moverse por sus propios medios, siguen la luz o se apartan de ella, es el grupo de partículas que llamamos ser vivo y por su accionar podemos asegurar que el ser vivo maneja información. Aquí hemos usado como referencia las partículas elementales. Pero vemos, que es posible usar unos grupos de partículas como referencia para otros grupos de partículas. Estos grupos de partículas que nos sirven de nueva referencia nos facilitan mirar lo que nos rodea.

Cuando tenemos como referencia un grupo de partículas, esa referencia la llamamos parte. De esa manera las partes son referencia intermedia entre las partículas elementales y un todo. En el todo, los grupos de partículas originales "pierden" unas propiedades y adquieren otras propiedades. Es el caso del átomo. Las nuevas propiedades del todo las llamamos propiedades emergentes, no se "encuentran" en las partículas que lo forman. Otras propiedades que se mantienen, son llamadas sumativas, se van sumando a través de toda la estructura, una de estas es la masa. De esta manera, al cambiar de referencia, se crean grupos de partículas que forman partes, y partes que forman un todo y así, al juntar varios de estos todos, formamos un todo mayor. En este caso, con las partículas elementales tenemos los átomos, pero podemos cambiar de referencia y en vez de átomos, tomar a las moléculas. Tendríamos, partículas elementales formando moléculas y estas formado seres. Necesitamos referencias pero en cada caso, tenemos la referencia que nos conviene, es un asunto informático. La estructura no depende de lo que pensemos, depende de las propiedades de las partículas y de las propiedades emergentes de cada estructura hasta llegar a combinarlas y tener el universo.

El proceso inverso es posible con el todo. Al descomponer un todo, lo descomponemos con unas referencias que llamamos partes y la descomposición llegara a las partículas elementales, si esa es la referencia. Tengamos presente que las referencias son asunto informático, la naturaleza de la materia son partículas, una parte es una referencia arbitraria, creada para facilitar el entendimiento de lo que observamos. Las referencias normales, o sea que por asunto de la materia son más comunes, las podemos llamar partes. Las que no siguen un patrón al descomponer, las podemos llamar pedazos.

Miremos algunas estructuras, con diferentes combinaciones de partículas elementales que nos sirven de referencia para discriminar el universo.

Estructura De Las Partes De La Materia.

Digamos que ésta es la estructura de la materia vista por los químicos. En esta estructura la base de referencia es el átomo. El átomo es un grupo de partículas elementales, cuya clasificación se realiza con base a una de esas partículas llamada protón. El átomo clásico tiene una estructura de núcleo y partículas en movimiento alrededor del núcleo. En el núcleo hay dos tipos de partículas, Neutrones y Protones. Moviéndose alrededor del núcleo, están los electrones en órbitas muy variadas. Las diferentes estructuras de estas partículas son responsables de los elementos químicos. Según su estructura pueden tener propiedades de oro, plata, diamante, etc. Esto nos dice que las mismas partículas, según su agrupación, tienen propiedades emergentes diferentes. Esta estructura estudiada por los químicos, tiene más de 100 combinaciones básicas[3] o "normales"; como dijimos, teniendo el protón como referencia. Otra interpretación, es que la estructura definida como normal, se basa en tener el mismo número de electrones y el mismo número de protones. Lo cual hace que ésta estructura sea neutra al considerar que los protones tienen cargas positivas y los electrones tienen cargas negativas. Hoy se definen 108 diferentes estructuras de átomos con parámetros claramente definidos por la química.

Al hablar de átomos normales, estamos delimitando las estructuras atómicas y esto nos lleva a pensar que debe haber átomos anormales; los que no cumplen las reglas del protón y electrón. Efectivamente, hay más de 1000 variaciones a este átomo normal, pues les faltan o sobran neutrones o electrones con respecto al número de protones, que como dijimos, es la base para clasificar esta estructura. Piense que no sucede lo mismo con cambio en el número de protones, pues como el número de protones es la referencia, si cambia el número de protones de un átomo, ya el

---

[3] Pudiera decir 108 elementos y también un número específico de isotopos. Digo más de 100 elementos, átomos normales o más de 1000 variaciones del átomo anormales para no limitar otras posibilidades.

www.matterinfolife.com

átomo tiene otro nombre y es otro elemento químico. Miremos un ejemplo: El átomo de hidrógeno normal debe tener un protón y un electrón. Si gana un neutrón, se convierte en un isótopo de hidrógeno, 2H (1 protón, un neutrón y un electrón) o Deuterio o D, átomo "anormal" de hidrógeno. Si ganara un protón se convertiría en un isotopo de Helio, 3He (2 protones, un neutrón y un electrón) o helio-3 y sería un átomo "anormal de helio.

Los átomos normales o anormales tienen otras características, que están dadas por el nivel que ocupan los electrones, que son llamados niveles energéticos. El número de electrones en el nivel energético exterior, crea una propiedad, la valencia electrónica. La valencia electrónica define la inclinación a interactuar con otros átomos, grupos de partículas, de una manera más o menos fácil. En otras palabras, la valencia electrónica determina en teoría que tan fácil es para unos átomos, combinarse con otros átomos o con los mismos, y formar moléculas.

Las moléculas pueden tener desde dos átomos, como la molécula de la sal de mesa, NaCl, a centenares de ellos como en las proteínas y otras moléculas orgánicas. Hay moléculas muy grandes, como en el Polivinilo de carbono (PVC) del que se hacen las tuberías plásticas, que no son orgánicas. Con la interpretación estructural, las moléculas son grupos de grupos de partículas. Los átomos son grupos de partículas básicas y las moléculas son grupos de átomos. Las moléculas forman otro nivel en la estructura de partículas de las cuales existen millones de combinaciones. Con la nueva estructura, moléculas, también se cumple el cambio de propiedades, esto es, la combinación de átomos también adquiere propiedades emergentes. Las moléculas tienen propiedades distintas a los átomos que las conforman. Un ejemplo: El agua, H_2O. El átomo de hidrógeno, es muy inestable, fácil de combinarse con sí mismo. El átomo de oxígeno, es muy inestable, se combina con casi todos los otros elementos químicos (Periodic Table of elements). Al combinarse, un átomo de oxígeno con dos de hidrógeno se tiene el agua, la cual tiene poca tendencia a recombinarse, o sea es bastante estable. Esto nos dice que la capacidad de combinarse que tienen el oxigeno o el hidrógeno se reducen substancialmente con la nueva estructura.

Los átomos normales, anormales, las moléculas y otras partículas todavía pueden según su nivel de energía combinarse en estructuras que forman mezclas de estos. Estas mezclas adquieren una característica que llamamos estado de la materia. Existen tres estados normales que llamamos: estado sólido, estado líquido y estado gaseoso. Vale notar que ya a estos niveles, no se requiere la ayuda de instrumentos para que identifiquemos la materia, o sea que estos grupos de partículas son percibidos fácilmente por nuestros sentidos o por sus efectos nocivos sobre nosotros los seres vivos. Los gases son más difíciles de detectar por nuestros sentidos y son los responsables de las atmosferas en los planetas como la tierra.

La base de la estructura de la materia moderna se ha modificado, no en su esencia sino en su forma. Hoy en la estructura del átomo se habla de quarks. Partículas más pequeñas que los protones y neutrones. Se dice que los quarks tienen el tamaño de los electrones. Esto crea un nivel adicional a la estructura clásica del átomo. Una interpretación de la estructura moderna del átomo es que hay nuevos grupos de partículas que forman el núcleo; otra es que hay partículas más pequeñas que los protones y neutrones en el núcleo. Esta nueva idea no modifica la concepción de los átomos desde el punto de vista de la ciencia química, básicamente se mantiene la misma estructura concebida en la tabla periódica de los elementos. Igualmente los principios de las acciones entre los átomos, para formar compuestos químicos, se mantienen. En otra palabras, independiente de su verdadera estructura, los átomos como partículas en la ciencia químicas seguirán vigentes. La cuestión es, si cuando conozcamos más del grupo de partículas que forman el átomo, podremos explicar más sobre las estructuras de la vida.

Esta sección muestra como el mundo está hecho de partículas muy pequeñas que se agrupan y reagrupan en niveles específicos creando estructuras. Digamos que una estructura se forma agrupando partes y cada nuevo grupo adquiere propiedades específicas a ese nuevo grupo de partículas, esas nuevas propiedades las llamamos emergentes, pues resultan con el nuevo grupo de partículas que lo forman. "A cada nivel, la estructura dicta las propiedades del grupo." (Arango C. , 2011) El nuevo ser, un todo de partes, tiene nuevas propiedades que emergen con el nuevo grupo y algunas de las propiedades de las partes se pierden en la nueva estructura, mientras otras se mantienen. Sintetizando, las partículas fundamentales crean átomos y los átomos son referencia para las moléculas. Combinaciones de átomos y moléculas son referencia para los cristales. También se crean otros grupos de partículas más heterogéneos que tienen según su nivel energético uno o varios estados (sólido, líquido y gaseoso).

Estructura Estelar De La Materia.

Digamos que esta es la estructura material vista por los astrónomos. Está estructura de la materia ha tenido históricamente[4] más significado para nosotros que la estructura anterior. Algunos de los participantes en la construcción de ésta, han pagado con sus vidas para hacer mantener el respeto a sus observaciones. Hagamos una descripción de la estructura de la materia desde los cielos, cuerpos estelares, estructuras materiales más grandes que nosotros y que nos permiten tener nuestra plataforma de referencia, base de operaciones que no se "mueve"[5]. Esta plataforma que es nuestro ambiente próximo, nos sirve de enlace y lo compartimos con los otros seres vivos, la tierra.

Miremos esta estructura de la materia separándola del todo. El universo contiene toda la materia que existe. El universo se conforma por grupos de galaxias, estas galaxias están conformadas por estrellas y cuerpos equivalentes. Las estrellas están conformadas por planetas y los planetas están conformados con sus lunas. Aquí también se dan propiedades emergentes. Estamos considerando un modelo básico de cuerpos estelares, el magnetar, el pulsar, el agujero negro, el quásar los asimilamos a estrellas y los cometas los asimilamos a planetas. Podemos considerar la estructura estelar normal como aquella que tiene ciclos regidos por fuerzas gravitacionales. En la estructura estelar también se puede hablar de partes "anormales", que no siguen ciclos definidos o fáciles de definir como regulares. Ciclos fáciles son los de la luna alrededor de la tierra y la tierra alrededor del sol, inclusive el sol por la galaxia, etc. Hay cuerpos estelares que no siguen ciclos claramente definidos o que tropiezan unos con otros. Los meteoros que chocan con la tierra u otros planetas o el caso como el cometa

---

[4] Nos hemos ocupado más tiempo de esta estructura que la anterior. Lo cual nos orienta sobre conceptos tácticos o mirar, imaginar, presentar, representar imágenes.

[5] Como sistema inercial, nosotros no percibimos el "vertiginoso" movimiento de la tierra. Para nosotros está ¡quieta!

www.matterinfolife.com

del cometa Shoemaker-Levy 9 que chocó contra el planeta Júpiter. Algunos astrónomos predicen el choque de nuestra galaxia, Milky Way con la galaxia Andrómeda.

Para entrar un poco en la realidad de los seres vivos, veamos cómo desarrollar esta "simple" estructura estelar de la materia, este punto de vista del universo, ha costado muchos conflictos a la raza humana. Miremos un aparte de lo que dice la historia de la astronomía en Wikipedia (Wikipedia v. e.).

"Desde tiempos inmemoriales el hombre se ha interesado en los astros, estos han mostrado ciclos constantes e inmutabilidad durante el corto periodo de la vida del ser humano lo que fue una herramienta útil para determinar los periodos de abundancia para la caza y la recolección o de aquellos como el invierno en que se requería de una preparación para sobrevivir a los cambios climáticos adversos.

La práctica de estas observaciones es tan cierta y universal que se han encontrado a lo largo y ancho del planeta en todas aquellas partes en donde ha habitado el hombre. Se deduce entonces que la astronomía es probablemente una de los oficios más antiguos, manifestándose en todas las culturas humanas.

La inmutabilidad del cielo, está alterada por cambios reales que el hombre en sus observaciones y conocimiento primitivo no podía explicar, de allí nació la idea de que en el firmamento habitaban poderosos seres que influían en los destinos de las comunidades y que poseían comportamientos humanos y por tanto requerían de adoración para recibir sus favores o al menos evitar o mitigar sus castigos. Este componente religioso estuvo estrechamente relacionado al estudio de los astros durante siglos hasta cuando los avances científicos y tecnológicos fueron aclarando mucho de los fenómenos en un principio no entendidos. Esta separación no ocurrió pacíficamente y muchos de los antiguos astrónomos fueron perseguidos y juzgados al proponer una nueva organización del universo. Actualmente estos factores religiosos superviven en la vida moderna como supersticiones.

En la actualidad sabemos que habitamos un minúsculo planeta de un sistema solar regido por el Sol que avanza en el primer tercio de su vida y que está localizado en la periferia de la Vía Láctea, una galaxia espiral barrada compuesta por miles de millones de soles, que posee como las demás galaxias un agujero negro súper masivo en su centro y que forma parte de un conjunto galáctico llamado Grupo Local, el cual, a su vez, se encuentra dentro de un súper-cúmulo de galaxias. El universo está constituido por miles de millones de galaxias como la Vía Láctea y se le ha calculado una edad entre 13 500 y 13 900 millones de años, y su expansión se acelera constantemente."

Pasaron muchos humanos construyendo este modelo, Aristarco de Samos (310–230 a. C.) modelo heliocéntrico. Tolomeo (100-170) teoría geocéntrica que recibió el apoyo decidido de Aristóteles y su escuela. Nicolás de Cusa (1401-1464), que en 1464 planteó que la Tierra no se encontraba en reposo y que el universo no podía concebirse como finito. Nicolás Copérnico (1473-1543) retoma las ideas helio-centristas. La dupla de Tycho Brahe y Johannes Kepler (1571-1630) donde el primero hizo observaciones y el segundo, usando las matemáticas, llegó por fin al entendimiento de las órbitas planetarias probando con elipses en vez de los modelos

www.matterinfolife.com

perfectos (Círculos) de Platón y pudo entonces enunciar sus leyes del movimiento planetario. Galileo Galilei (1564-1642) fue uno de los defensores más importantes de la teoría helio-centrista. Construyó un telescopio a partir de un invento del holandés Hans Lippershey. Vale mencionar a un mártir de la astronomía, Giovanni Bruno, que habló del universo infinito y describe el camino a la sabiduría. Para terminar este recuento, una prueba a los límites del universo y los límites informáticos que nos imponemos, es la fotografía tomada por el telescopio Hubble, cuando posicionándolo hacia un solo punto por 48 horas, o sea tomando una fotografía que dure 48 horas, aparecieron infinidad de galaxias y cuerpos estelares nunca antes vistos y que no podemos ver a simple vista, pues no nos lo permite nuestra estructura material.

Esta sección muestra la estructura de la materia en astros, otra interpretación para la misma materia del universo. Empezamos en lo más grande, en el todo y lo subdividimos. Teniendo presente la estructura anterior encontramos que estamos entre lo muy grande y lo muy pequeño. Hay que anotar que esta estructura estelar es tan parte del ambiente que nos rodea como la estructura de las partes de la materia. Cada una tiene influencia sobre nosotros pero las magnitudes son muy diferentes por fuerzas y distancias. Ver cada astro como una unidad es una abstracción importante, asignarles o atribuirles personalidad es trascendente, pedirles favores requiere una capacidad informacional sobresaliente que solo se ha visto entre los seres humanos.

Estructura De La Materia Viva.

Digamos que esta es la estructura material vista por los biólogos. Esta estructura de los seres vivos, usted, yo y los otros, es una estructura de la materia como las otras mencionadas. Nos referimos desde el punto de vista de la estructura. Como dijimos,

info@matterinfolife.com

las partículas elementales forman átomos, los átomos forman moléculas y el caso de las moléculas de la vida, no es la excepción. Estructuras tan famosas como el caso del genoma, tienen millones de átomos formados de las mismas partículas elementales. Por ahora miremos las estructuras de la materia responsable de la vida.

La estructura de la materia viva empieza con una "selección" de átomos, no todos los 108 tipos de átomos participan de esta estructura. Curiosamente, por decir lo menos, tres tipos de átomos: el oxigeno, el carbono y el hidrógeno (O, C, H) representan más del 96%[6] de la materia que hay en la estructura del cuerpo humano y con tres átomos más - Nitrógeno, Calcio y Fosforo - para ajustar seis tipos de átomos (O, C, H, N, Ca, P) se consigue aproximadamente el 99% de la materia en la estructura del ser humano. [7] El otro 1% incluye más de 20 elementos diferentes. Dentro de la estructura clásica de la vida, resaltemos que los átomos y los grupos de partículas fundamentales que forman los seres vivos, se consideran muertas. Refiriéndonos al concepto básico que dió origen a este libro, sin salirnos del concepto clásico

---

[6] Porcentaje basado en masa. Para algunos no entrenados en la ingeniería, la masa no es un concepto claro. La masa es responsable del peso, pero no es el peso. El peso es la fuerza que un cuerpo, un grupo de partículas, ejerce sobre otro. Recíprocamente, el otro cuerpo, el segundo, ejerce sobre el primero. Como ejemplo, si usted pesa 98 kilogramos en la tierra, que tiene una fuerza de gravedad de 9.8 m/seg2. Pesara 16.2 kilogramos en la luna que tiene una fuerza de gravedad de 1.62 m/seg2. Téngalo presente, nos hemos familiarizado con muchos hechos. Una caja de algodón pesa mucho menos que una de hierro. Pero un kilogramo de algodón tiene la misma masa de un kilogramo de hierro y por ende el mismo peso acá en la tierra.

[7] Independiente del porcentaje tan alto de estos elementos en los seres vivos, se ha descubierto que hay otros químicos que se requieren para el funcionamiento de los seres multicelulares.

www.matterinfolife.com

de la vida, la combinación de diferentes átomos y moléculas en una célula crea una propiedad emergente, que es la capacidad informacional, esencia de la existencia de los seres vivos.

Dentro de la estructura clásica de la materia viva, la célula es el ser vivo más pequeño; el átomo de la vida. El átomo de la vida es comúnmente llamado célula procariótica; materia orgánica, encerrada por una membrana de plasma, conteniendo citoplasma y otras estructuras llamadas ribosomas, que incluyen ADN además de otras moléculas orgánicas. En estas células no hay un núcleo claramente definido por membrana (Dupage). Antiguamente todos los elementos dentro de la célula procarióticas se definían como protoplasma. Tipos de estas células son las bacterias y por mencionar una de ellas, la E. Collí.

Luego tenemos la célula eucariótica. La célula eucariótica posee varias estructuras equivalentes a células procarióticas, de las cuales el núcleo y la mitocondria son las más nombradas. Según esta estructura, la célula eucariótica es equivalente a una molécula de la vida, donde se tiene un grupo de células procarióticas; átomos de la vida. Esto es, la célula eucariótica tiene partes delimitadas por membranas, cada una de ellas puede asimilarse a una célula procariótica[8] y técnicamente es llamada organela[9]. Aun hay discusiones si las células eucarióticas son un grupo de procarióticas, pero algunos autores lo ven de esa manera. Dentro de este concepto estructural, es muy aceptado que la mitocondria,

---

[8] Esta aseveración puede ser controversial, pero se puede justificar por las características de las organelas que reflejan muchas de las características de las células procarióticas.

[9] Estos grupos de partículas de las células eucarióticas son equivalentes a los órganos en los seres multicelulares, cumplen funciones específicas para la célula.

info@matterinfolife.com

una de las organelas de las células eucarióticas, sí es una célula procariótica que comparte funciones con la célula eucariótica de una manera simbiótica, aporta ATP y recibe alimento. El núcleo es la parte más reconocida de la célula eucariótica. Toda esta estructura crea propiedades emergentes, haciendo la célula eucariótica más especializada que la procariótica. En promedio las células eucarióticas son 10 veces más grandes que las células procarióticas.

Las células eucarióticas forman estructuras multi-eucarióticas. Estas estructuras son llamadas seres vivos superiores y forman tres ramas: los animales, los hongos y las plantas. La rama de los animales incluye a los seres humanos. La estructura de los animales superiores, para hablar de una rama, agrupa células similares que se asocian a colonias y pueden representar órganos. El cerebro como grupo o colonia de células, tiene una propiedad emergente, representa la capacidad informacional de los animales, crea un todo desde el punto de vista informático, un yo. La creación de ese yo tiene muchas connotaciones, pero es aceptado que el cerebro tiene una unidad psíquica, emergente, creada por las sinapsis[10] de las neuronas y que conocemos como la mente.

Para complementar la estructura de los seres humanos[11], podemos decir que la estructura entre células eucarióticas y seres humanos puede verse con dos niveles adicionales, los órganos y los sistemas,

---

[10] En el cerebro se dan cientos de miles de sinapsis por segundo, estas con sus señales eléctricas, son capaces de formar campos magnéticos que son leídos por electrodos que se instalan en el cuero cabelludo o en la frente y pueden registrarse de diferentes maneras.

[11] También se pueden incluir muchos otros seres multicelulares. Recordar que estas estructuras son de referencia y no se espera cubrirlas todas, ni tampoco todos los detalles en las estructuras. Este es un ensayo sobre información no un libro de ciencias.

www.matterinfolife.com

los cuales solo tienen estructura informática. Las células forman órganos como el corazón, pero el corazón no tiene sentido sin las venas, arterias y vasos capilares. Entre todos forman otro nivel en la estructura, y ese nivel es el del sistema circulatorio, que lleva la sangre a todos los rincones del organismo y que en contacto con otros sistemas soporta las funciones vitales del ser humano. Estos dos niveles, órganos y sistemas, pueden considerarse de apoyo para el funcionamiento de la estructura del ser humano, son informáticos, no es necesario incluirlos desde el punto de vista estructura de materia viva.

Siguiendo con la estructura, diré que todavía existe un grupo mayor o superior en la estructura de los seres humanos, la humanidad. La humanidad como comunidad de seres vivos en la tierra, que igualmente, está conformada con principios similares a las estructuras mencionadas de otros seres vivos, donde se usan medios que como la cultura, para la integración de ellos, es un ser vivo.

Por supuesto, existe la posibilidad de definir otras estructuras, posiblemente usted tiene una estructura para la materia que tiene mucha historia, es más científica, le es familiar por mucho tiempo, en fin cualquier razón y no acepte estas estructuras. Solo pretendo bosquejar estructuras de la materia desde el enfoque de un químico, desde el enfoque de un astrónomo y una estructura especial, pues hace uso de la información, la estructura de la vida; desde el punto de vista del biólogo.

Es importante mencionar que nuestros sentidos nos limitan, nadie ha visto un átomo o como ya dijimos el universo mostrado por el telescopio Hubble, no puede ser visto directamente. Vemos el resultado que nos presentan las herramientas o equipos que hemos construido de una manera única. Única pues no lo ha hecho ningún otro ser vivo en la tierra, hasta el punto que nos hemos llegado a creer más allá de la naturaleza de la materia. Esto sucede cuando clasificamos lo que pasa en la naturaleza; hemos oído de las estructuras naturales, hechas por la naturaleza y de las artificiales, hechas por el humano. ¡Qué vanidad! ¿A caso no somos parte de la naturaleza? ¿A caso no hay otros seres vivos haciendo cambios a la naturaleza?

Llegar a estas tres estructuras de partículas ha requerido de mucho trabajo material e informático. Innumerables proyectos para la creación de herramientas, invención de procesos y sin duda crear modelos mentales que con la llegada de nuevas herramientas son complementados o rechazados completamente. En el siguiente capítulo hablaremos del desequilibrio, que nos permita explicar muchas ideas, particularmente nos ayude a entender que sin desequilibrio no existiríamos.

Capítulo 2.

Desequilibrio

En el capítulo anterior hablamos de las estructuras de la materia de una manera estática. Pero la materia mantiene acciones a través de toda su estructura, entre niveles y en cada nivel. Estas acciones crean cambios en uno o varios niveles de la estructura, estos movimientos se pueden considerar como el funcionamiento de la estructura. Las acciones sobre las estructuras de la materia están definidas por las características de las partículas elementales, su masa y su carga, y luego por las propiedades emergentes de las mismas estructuras, donde habrá diferentes tipos de acciones para distintos grupos de partículas. En este aspecto de las acciones de la materia quiero citar un libro universitario de física, que hace un resumen interesante de diferentes tipos de acciones entre la materia y que denomina interacciones de la materia, veamos la cita:

> "Una vez entendidas las reglas generales que gobiernan el movimiento, el paso siguiente es investigar las interacciones responsables de dichos movimientos. Hay varios tipos de interacciones. Una es la *interacción gravitacional* que se manifiesta en el movimiento planetario y en el de la materia en conjunto. La gravitación, a pesar de ser la más débil de todas las interacciones conocidas, es la primera interacción estudiada cuidadosamente, debido al interés que el hombre ha

tenido desde la antigüedad en la astronomía y porque la gravitación es responsable de muchos fenómenos que afectan directamente nuestra vida. Otra es la *interacción electromagnética*, la mejor comprendida y posiblemente la más importante desde el punto de vista de la vida diaria. La mayoría de los fenómenos que observamos a nuestro alrededor, incluyendo los procesos químicos y biológicos, son el resultado de interacciones electromagnéticas entre átomos y moléculas. Un tercer tipo es la *interacción fuerte o nuclear*, que es responsable de que los protones y los neutrones (conocidos como nucleones) se mantengan dentro del núcleo atómico, y de otros fenómenos relacionados. A pesar de la investigación intensiva realizada, nuestro conocimiento de esta interacción es aún incompleto. Un cuarto tipo es la *interacción débil*, responsable de ciertos procesos entre partículas fundamentales, tal como la desintegración beta. Nuestro conocimiento de esta interacción es aún muy escaso. La intensidad relativa de las interacciones nombradas es: Fuerte, tomada como 1; electromagnética ~ 10^{-2}; débil ~ 10^{-5}; gravitacional ~ 10^{-38}. Uno de los problemas no resueltos de la física es por qué parece haber solo cuatro interacciones y por qué hay una diferencia tan grande en sus intensidades." (Alonso & Finn, 1970)[12]

---

[12] Para mostrar más fácilmente la diferencia en magnitud entre estas interacciones veamos las cifras expresadas con todos sus ceros y tomando como referencia las más conocida para nosotros, la interacción gravitacional =1.
Con la gravitacional igual a 1, la tierra tiene una interacción aproximada de 10.

www.matterinfolife.com

El desequilibrio existe, es una parte de la naturaleza de la materia, acciones entre las partículas. Sin embargo, este desequilibrio está limitado por las propiedades del grupo de partículas en cuestión. Si el desequilibrio fuera total, esto es que no tuviera límites, ninguna partícula se estructuraría con otra partícula. Las partículas fundamentales estarían sueltas, serían como gases. Luego debe existir una afinidad entre las partículas fundamentales para atraerse y a su vez, otras características, que por lógica contraria llamaríamos desafinidad, para que no se compacten pues de otra manera las estructuras se rigidizarían, solo habría sólidos. En otras palabras, algo las atrae para que se estructuren y algo las rechaza para que no se colapsen o pierdan su movimiento. La esencia está en que para poder mantener la estructura se necesita una acción y para poder mantener la dinámica se necesita otra. Algo como acción y reacción o atracción y fuerza centrípeta. Si supiéramos más de la materia pudiéramos generar otras ideas.

Mencionemos las siguientes secciones sobre movimiento, para mantener una secuencia que finalmente nos permita comprender la noción de materia e información y la combinación de ellas en el proceso de los seres vivos. Entender la dinámica de las estructuras es tan importante como entender las estructuras mismas, pues la dinámica tiene sus propiedades intrínsecas. Podemos tener dos estructuras iguales, piense en un par de carros, pero la una puede desplazarse con más velocidad que la otra, luego sus propiedades de movimiento no son las mismas.

La interacción débil tiene una interacción de 100 000 000 000 000 000 000 000 000 000,
La interacción electromagnética una interacción de 1 000 000 000 000 000 000 000 000 000 y
La interacción fuerte una interacción de 100 000 000 000 000 000 000 000 000 000 000.

info@matterinfolife.com

Movimiento De Las Partes De La Materia

La estructura de las partes de la materia como dijimos empieza en las partículas fundamentales. Estas partículas están en constante movimiento. Así como no podemos detectar las partículas que integran las estructuras de la materia, así mismo no podemos detectar el movimiento de estas partículas fundamentales cuando se generan cambios de una posición a otra, transformando las estructuras. Hay varias razones para eso. Una es la calidad del cambio, otra es la diferencia de magnitud o niveles, otra es la gran cantidad de acciones simultáneas. Luego hay movimiento permanente en las estructuras de las partes de la materia pero no lo detectamos fácilmente.

Ya lo mencioné, estamos atrapados por nuestros sentidos. Necesitamos herramientas para ir más allá de los limites de los sentidos y descubrir al menos el extremo del las partes de la materia, el átomo. Digo átomo para separar el sistema básico de los elementos químicos, de la idea de partícula indivisible, la unidad básica de la materia. La dinámica de estas partículas está siendo estudiada por la mecánica cuántica, sus alcances todavía son muy limitados y estamos en el proceso de entenderlos mejor. Esperemos que pronto tengamos avances en el conocimiento de las partes de la materia, su estructura y dinámica. Particularmente, la dinámica de las partes de la materia, las partículas elementales, es clave para entender más acerca de las propiedades de la materia viva, requerimos investigación más significativa en esta área.

Movimiento De La Materia Estelar

El movimiento de la materia estelar nos es más familiar, ciclos. Se rige por leyes conocidas en la física pero hay aspectos en muchos cuerpos estelares que son un misterio. Aspectos no referidos a la dinámica interestelar sino a propiedades más relacionadas a las estructuras de las partes que conforman estos astros. Me refiero al hecho de que las estrellas dan origen a otros tipos de movimiento de las partes de la materia que las integra. Esto es, su gran tamaño le da propiedades a su atracción gravitacional y a su vez, el tamaño de la estructura afecta los niveles inferiores, o sea las estructuras internas, cambiando las propiedades de estructuras muy básicas como los átomos de estos cuerpos estelares.

Un ejemplo es el agujero negro. Esta estrella tiene tal masa que atrapa hasta la luz que pasa a cierta distancia de ella. En algún momento, antes de ser agujero negro, esta estrella tenía unos átomos con unas propiedades, digamos normales, era una estrella normal. El cambio de estructura, de estrella normal a un agujero negro, no solo afecto a la estrella normal, si no que afectó a los grupos de partículas que conformaban la estrella y hoy conforman el agujero negro. Según los astrónomos la densidad del agujero negro ha cerrado la distancia entre las partículas elementales y posiblemente rigidizado los átomos que lo componen. Esto sería un efecto de la estructura de partículas sobre sí misma.

Movimiento De La Materia Viva

El movimiento de la materia viva, no relacionado con la información, esta dado por diferentes propiedades de las partículas fundamentales. Una de las más fascinantes partes de esta estructura es la repetición. Las estructuras de la materia viva se repiten casi idénticamente, y se reproducen en dinámicas que tienen propiedades casi idénticas. Hay bastantes casos bien documentados sobre la dinámica de la materia viva en muchos frentes. Ninguno de estos explica la dinámica por medio de la cual los seres vivos discriminan o juzgan la materia. Esto es, no explican la manera como se crea la capacidad informacional de los seres vivos. Hoy la explicación más general es que la capacidad informacional viene de las estrellas, o por lo menos, es sobre natural.

Capítulo 3.

Un Modelo

"Todos los modelos son malos [modelos de la realidad] pero algunos son útiles." George Box.

Los seres humanos creamos modelos para tratar de entender lo que nos rodea. Los mejores modelos son los llamados científicos. Son creados por la aplicación del método científico. Un método simple que permite dar respuestas a preguntas de una manera consistente. Usualmente el método científico se sirve de las abstracciones que hacemos con nuestro cerebro, hipótesis, para luego verificar si esa percepción es válida o no y generalizarla con el uso de las matemáticas. Un ejemplo en este sentido es la abstracción que hizo Galileo del movimiento de los cuerpos, donde abstrajo la idea de la inercia. Luego Newton la llevó a términos matemáticos y finalmente hoy está aceptada como una propiedad evidente de la materia; la materia tiene inercia. Las partículas en el universo forman diferentes estructuras, la interpretación a esas estructuras la damos nosotros. Las acciones a las que me refiero son las que se dan entre estas partículas que cambian las estructuras de un tipo a otro. Estas acciones están limitadas por las propiedades de la materia. Las dos propiedades más básicas en la materia son carga e inercia. La carga que forma campos magnéticos y la inercia que forma los movimientos, entre las dos se crean estructuras con dinámica de todo tipo.

En esta sección mostramos un modelo basado en dos conceptos básicos, las partículas y sus acciones. En este caso, las partículas a las que me refiero son los átomes. Observe, no átomo sino átome. Con el cambio de átomo a átome espero dar coherencia epistemológica a la palabra. Como ya lo dijimos, Átome es una partícula sin división; lo hago, pues hoy la palabra átomo representa un sistema, un conjunto de partículas. Cuando me refiero al hecho de que no tiene partes no me refiero a que no se pueda fragmentar. En teoría si está hecha de materia debe poderse fragmentar, si se puede fragmentar encontraremos pedazos de las partículas básicas, no serán partes en el contexto que quiero expresar de su naturaleza original. Una partícula elemental, átome, no tiene partes, es una unidad, digamos natural, ha existido así.

Las acciones, pueden tomar muchos conceptos. Las acciones a las que me refiero en este modelo son a las que cambian la estructura de un grupo de partículas según un nivel de referencia en la estructura o los límites definidos por el observador. Decimos esto, pues definir cualquier movimiento requiere un punto de referencia para ser detectado. Miremos un ejemplo. Cuando Galileo trabajó para conceptualizar la inercia, utilizó planos inclinados y esferas. Si tomamos como referencia la esfera, esta no cambia rodando por el plano inclinado[13], la esfera es la misma en cualquier parte, antes de caer, rodando y después de caer. Si tomamos como referencia la bola y el plano inclinado (ambos), hay un cambio, la esfera rueda de la parte superior a la inferior del plano inclinado. El cambio de posición de la esfera es referido al plano inclinado, la esfera cambia de posición según esa referencia. Luego los conceptos requieren de

---

[13] Sin contar el imperceptible cambio de temperatura por la fricción o el cambio de energía potencial a energía cinética. O alguien notaría las partículas que recoja en su movimiento o que entregue en el mismo.

www.matterinfolife.com

los límites fijados por los seres que los observan y diferentes límites definen diferentes resultados.

Tratemos de ver un modelo, donde las partículas en cualquier momento forman un sistema, por la discriminación que se hace de ellas, su cantidad, su calidad y su posición. Si se adiciona una partícula, si cambia una de las calidades o si se mueve una de las partículas hablaremos de un nuevo sistema. Al tener la comparación entre antes (en memoria) y ahora, hablaremos de dinámica de sistemas, o sea de un proceso.

El sistema

Para enfocarnos en la idea de sistema veamos la ilustración usada por Bertalanffy (Bertalanffy, 1976) para exponer sus ideas de cómo mirar al mundo, el enfoque sistémico. Sus ideas se desarrollaron en muchas áreas incluyendo modelos matemáticos y conceptos llevados a las ciencias, que son expuestos en la teoría general de los sistemas.

	Sistema A	Sistema B
Comparación 1	o o o o	o o o o o
Comparación 2	o o oo	o o o ●
Comparación 3	o-o-o-o	o-o |X| o-o

Figura 1. Ilustración De Conceptos De Sistemas.

En la Figura 1. Ilustración De Conceptos De Sistemas. Se pueden ver círculos que dan la idea de partes. Las partes se relacionan unas con otras y forman un grupo de partes, llamado sistema. Esta lógica es la misma que usamos en la definición de las estructuras de la materia. Cualquier conjunto de partículas que interactúan forman un sistema. Los sistemas se asimilan a los grupos de partículas, pero no son técnicamente el grupo de partículas pues tiene propiedades emergentes. Un sistema es un conjunto de partes formando todos. Un todo es una unidad informática, un sistema. Esto no es lógico pues según la lógica Aristotélica, se es o no se es. Pero este concepto es real. Toda partícula es muchas cosas según el punto de vista, según su función y según su uso. Miremos las observaciones hechas sobre esta figura.

La comparación 1 muestra dos sistemas A y B que se diferencian por la *cantidad* de sus elementos. El término usado por Bertalanffy es Número, en vez de *cantidad*.

La comparación 2 muestra dos sistemas A y B que se diferencian por la *calidad* de sus elementos. El término usado por Bertalanffy es Especie, en vez de *calidad*.

La comparación 3 muestra dos sistemas A y B que se diferencian por las *interacciones* de sus elementos. El término usado por Bertalanffy es Relaciones en vez de *interacciones*.

Hay que tener presente, que no estamos hablando de los elementos individualmente. Estamos hablando del sistema, o sea colectivamente. Esto es, de todos los elementos a la vez. Cada uno de los sistemas tiene sus propias características. Aunque Bertalanffy uso la ilustración para comparar características entre sistemas, como las ya mencionadas de Número, Especie y Relaciones; al mismo tiempo, cuando miramos cada sistema, éste tiene sus propias características. En la primera comparación, sistema A, tenemos las siguientes características:

    a. Forman una línea o están alineadas.
    b. La línea que forman es horizontal.
    c. Las distancias entre los elementos es la misma.
    d. La interacción se da sin elementos de enlace visibles.

La idea de sistema sintetiza, agrupa y de ahí, el universo, todo lo que existe está basado en átomes. Los átomes se combinan, bajo la idea de sistemas, como ya vimos, formando estructuras. Un sistema representa un grupo de partículas en una estructura, y ya dijimos, que las partículas en las estructuras interactúan creando propiedades emergentes. Entonces todo sistema tiene sus propias calidades. Las calidades de los sistemas los hacen afines para volver a agruparse o no; según la estructura inicial, un sistema volverá a estructurarse en uno mayor. Ya mencionamos la idea de estado sólido, líquido y gaseoso. En los gases la habilidad de las partículas para reagruparse se limita. Las estructuras que vimos en el primer capítulo forman cadenas: Sub-Sistema, Sistema, Meta-Sistema, siendo el sistema la referencia informática al momento de analizar la estructura. La cadena total de estructuras tiene dos extremos. El más pequeño es el átome y el más grande es el universo. Un sistema tiene un ambiente dado por las condiciones del meta-sistema y tiene partes que lo conforman, los subsistemas, en todo momento los límites son informáticos.

Sistema	Proceso
Cuerpo	Función
-Componente	-Transformación
-Enlace	-Transporte
"Estático"	"Dinámico"
Foto	Película
Sustantivo	Verbo

Figura 2. Un modelo

En este modelo el sistema es el cuerpo de un ser, la estructura de partículas. Para definir las partes del sistema se requiere definir los límites de las estructuras que integran el sistema, lo cual solo es posible con uso de información. En este momento empieza un proceso informático, la discriminación. Para entender mejor lo que estoy diciendo hagamos un ejercicio. Mire la palma de una de sus manos por un momento y luego cierre la mano en forma de puño. Si su mano es el conjunto de partículas en una estructura especifica, su mano es tan mano abierta o cerrada. Esto desde el punto de vista informático del conjunto de partículas que la componen. Pero una mano abierta no se ve lo mismo que una cerrada, desde el punto de vista material, su mano es distinta abierta que cerrada. La forma cambió, la substancia se mantiene. Estamos mostrando el enfoque de ser, de la estructura básica, de la esencia con unos límites definidos. Puedo decir que los seres son sistemas, esta es una consideración "estática" basada en los elementos componentes, su conteo, sin importar la estructura. Pero también puedo decir que los seres son procesos, esta es una consideración "dinámica" basada en los cambios de los elementos componentes, su estructura, sin importar el conteo de los elementos. En la oración el sistema es el sustantivo y el proceso es el verbo.

En el sistema podemos ver dos tipos de subsistemas, los componentes y los enlaces. La idea de componente está basada en la noción de la función[14] que puede realizar una parte para el sistema al que pertenece. La idea de enlace está basada en la noción de conexión, camino, soporte. En el caso de la mano, seleccionando la función de sujetar. Para simplificar digamos que

---

[14] La función es una acción que puede repetirse en un sistema, las funciones se realizan en los componentes son dinámicas.

www.matterinfolife.com

los dedos ejecutan la acción de sujeción y la palma es el enlace entre los dedos. La transformación se da entre la mano abierta y la mano sujetando. Podemos considerar que no hay transporte a través del enlace. Cuando hay transporte, el medio que sirve para el transporte, digamos la carretera, será el enlace. Los vehículos usualmente se consideraran como componentes, cumplen funciones de transportar.

Si queremos hacer otro análisis de las partes del sistema mano, podemos ir más allá mostrando que a través de la palma se transportan mensajes, sangre y un sin número de acciones para sujetar un elemento en particular, digamos un vaso. En este caso intervienen señales ordenando el cierre de los dedos. Señales de control sobre la fuerza ejercida sobre el vaso, etc. Entre más información se tenga sobre la mano más elementos se pueden considerar. Al considerar más elementos, el análisis se torna más complejo. Si no se tiene un punto de vista sistemático, el análisis además de complejo se puede volver complicado. Esto es otro punto de vista en el análisis de un sistema, cuando se afronta el problema, no se tiene claro que se quiere analizar, a la complejidad se adiciona el desenfoque creando complicación.

Como vemos, ejercer un buen criterio en la definición de los límites de las partes que componen el sistema, es definitivo para un buen análisis de sistemas de todo tipo, que también debe incluir el objevio o enfoque del análisis. Nos referimos al análisis de sistemas como negocios, industrias, gobiernos, culturas, diseño de software etc. Los enfoques pueden ser económicos, políticos, éticos, religiosos, eficiencia, etc.

info@matterinfolife.com

El Proceso

En el otro lado del modelo presentado tenemos el proceso. El proceso es la dinámica que se da dentro de los límites de una estructura o la dinámica de toda una estructura con respecto a otra o su ambiente. El sistema es el resultado del proceso. El proceso es una película. Cada una de las fotos de la película define un sistema o sea la estructura de las partículas elementales en un instante[15]. Una foto muestra el presente, la estructura en un instante especifico, luego la estructura cambia según el proceso. La estructura anterior ya no existe, ha quedado atrás. Una nueva estructura se formó y es ahora, es en este momento que existe, no antes ni después, eso es el presente. En otras palabras, el sistema es el presente del proceso y el proceso crea a cada instante un presente.

Si nuestro nivel de referencia para delimitar el proceso son las partículas fundamentales, esto es, estamos tomando una partícula fundamental como el sistema, esta partícula se moverá como un todo, la esfera sin el plano inclinado ya mencionado. Su opción de cambio es transporte, es una partícula fundamental no tiene partes, en teoría no se puede dividir. Claro estamos hablando que tiene que haber otra partícula que sirva de referencia para identificar que hay cambio de lugar. Como ejemplo de este concepto esta la tierra, nuestra "partícula". No sentimos que nos movemos, luego lo lógico es que el sol la luna y las estrellas se mueven a nuestro alrededor en patrones bastante extraños. Pero al tomar otra referencia como el sol, los movimientos toman una noción más fácil, movimientos elípticos alrededor del sol.

---

[15] Como seres vivos identificamos un montón de partículas. Le damos significado a esa estructura y tratamos de predecir su próxima forma.

Para entender mejor este modelo miremos unos ejemplos con artefactos, transformaciones humanas de la naturaleza y el análisis de una oración.

Tomemos un carro. Un carro es un ser, un sistema. Como estructura el carro tiene componentes y enlaces. En su funcionar se realizan transformaciones y transportes. Simplificando digamos que el carro tiene un sistema de propulsión que tiene dos partes, motor y transmisión. Como objetivo de este carro, asignémosle el transporte. El motor y transmisión requieren una estructura que los una, digamos el chasis.

El motor transforma energía almacenada en movimiento y este movimiento sale por un extremo. La transmisión transporta ese movimiento para que el carro pueda desplazarse de un lugar a otro. La transmisión ha sido un enlace entre el motor y el ambiente del carro. El chasis es otro enlace, un soporte para darle cuerpo y sostener el motor y la transmisión y poder dar espacio para que se realice el objetivo del transporte. Técnicamente, el chasis sirve de enlace para transportar esfuerzos mecánicos.

Tomemos ahora un computador. Un computador es un ser, un sistema. Como estructura el computador tiene componentes y enlaces. En su funcionar se realizan transformaciones y transportes. Simplificando digamos que el computador tiene dos partes, subsistema entrada/salida de datos y CPU. Como objetivo de este computador, asignémosle procesador de palabras. La entrada/salida y el CPU requieren una estructura que los una, digamos cables (BUS).

Este artefacto también usa energía pero estamos hablando de un procesador de palabras, lo ignoraremos. El teclado es un componente, transforma impulsos mecánicos en señales. Las señales son llevadas por los cables que son un enlace, al procesador que es un componente y las transforma y las envía a un sitio en la memoria y a la pantalla para que el escritor tenga referencia de lo que hace. Esto se realiza de una manera preestablecida por los programadores e ingenieros.

Este modelo puede usarse también para analizar una oración. Recordemos que una oración tiene sujeto y predicado. Desde el punto de vista del lenguaje. El sujeto es el que ejecuta la acción, es el sistema, la materia estructurada. El predicado es lo que se dice del sujeto. Puede ser una acción transitiva o intransitiva. La acción transitiva recae en un objeto, otro sistema recibiendo la acción. La acción intransitiva recae sobre el mismo sujeto. Calina corre. Nos dice que un sujeto, sistema, con nombre Calina, realiza una acción, proceso, desplazarse.

He realizado un esfuerzo para describir la materia sin tener que mostrar inclinaciones personales. Pero eso no es posible. Los idiomas son información de segundo orden y van acompañados de elementos culturales. La idea central en esta primera parte es mostrar que las partículas que forman el universo tienen sus propias características individuales. Algunas características individuales se pierden cuando se agrupan varias de estas partículas adquiriendo nuevas propiedades. Estos grupos de partículas tienen sentido para los seres que las discriminan y no tienen sentido para los que no. Existir es algo concreto que no depende de ninguna interpretación. El universo está y estará ahí por siempre independiente del significado que le demos.

Segunda Parte:

La Información, Juicios A La Materia.

"El saber es un viático, el pensar es de primera necesidad, la verdad es un alimento como el trigo." Víctor Hugo

La información desde el punto de vista práctico es una colección de hechos o datos[16]. Desde el punto de vista filosófico la información se asocia a la verdad, a la idea que existen principios que crean una verdad absoluta y que en último término podemos entender. Para este libro, la información es el resultado de la capacidad informacional de los seres vivos. La capacidad informacional es un proceso emergente, que viene de la estructura y del funcionamiento de los seres vivos y que está ahí como condición indispensable (sine qua non); sin ella no hay seres vivos y sin ella los seres vivos no pueden vivir. Como vimos en la estructura de la materia viva, los seres vivos son estructuras de grupos de partículas elementales, en este sentido no hay diferencia con las estructuras de materia inerte. La información ayuda a mantener la estructura

---

[16] A collection of facts or data. (Language.) Que traduce: "Una colección de hechos o datos."

del ser vivo, y a su vez, manteniendo la estructura, se mantiene la capacidad informacional.

Antes de seguir, definamos mediante los números uno, dos y tres (1, 2 y 3) tres conceptos. Un ser, dos objetos y tres elementos. Los seres están hechos de materia. Los objetos son representaciones informáticas de los seres. Los elementos pueden definir lo uno o lo otro indistintamente; los seres o los objetos. Para ayudar veamos un ejemplo: Un carro, dos objetos (carro) discriminados por dos seres vivos (usted y yo) y tres elementos, un ser (carro) mas dos objetos (carro).

Imaginémonos que somos una partícula fundamental, no una persona. Esto es, trate de imaginar que usted es una partícula. Nos "veríamos" como vemos a la luna. Una unidad sólida. No habría movimiento interno, no pensaríamos y estaríamos combinándonos y recombinándonos con otras partículas, no importa si estamos siendo parte del oro, de la plata o los diamantes, solo somos una partícula que no puede detectar nada. Haríamos parte de la estructura de las partes de la materia. Innumerables partículas en acciones, funcionando solo por efecto aleatorio y bajo las propiedades básicas de la materia[17].

En el otro extremo imaginemos que somos el universo. Somos todo lo que existe, somos infinidad de partículas con estructura estelar, todas las estructuras están contenidas en usted o en mí. Usted no ve nada pues es todo lo que existe, no hay nada a su alrededor. Las galaxias se mueven en sus grupos, pero todo este movimiento es aleatorio y bajo las propiedades emergentes de los grupos de

---

[17] Carga e inercia.

materia específicos, cuerpos estelares. En algún momento una estrella explota, en otro, se forma un agujero negro, un cuásar, etc.

Por supuesto, estos son los extremos que existen en la materia, el universo y las partículas elementales. Entre los extremos hay estructuras muy diversas, como lo vimos en la primera parte de este libro, la materia. Estas estructuras funcionan por las propiedades básicas de la materia pero cuando tomamos un grupo de partículas que forman una estructura viva, este grupo además de procesos materiales, tiene un proceso fundamental que diferencia la materia viva de la materia inerte, es el proceso de discriminación. Esta discriminación le permite intervenir en una dirección específica. Cuando esto sucede se están tomando decisiones y encaminando el funcionamiento a una dirección, se está definiendo un orden. Por ahora digamos que el proceso de discriminación incluye la noción de conciencia y es la base de todo el proceso de la capacidad informacional. Sin discriminación no se podría juzgar o crear conceptos, no habría información, aunque las partículas siguieran moviéndose.

Hemos hablado de la estructura de las partículas como los elementos que podemos ver. Pero recordemos que las partículas tienen elementos que no podemos ver, su carga. Las cargas de las partículas también se estructuran cuando las partículas se juntan. Esto es algo no muy mencionado, pero las cargas de las partículas también se combinan y forman una nueva carga; forman un campo magnético. Entonces las partículas con sus cargas elementales, cuando se combinan, estructuran campos magnéticos con propiedades emergentes. De esta manera podemos decir que las cargas interactúan y la interacción de estas forma un campo magnético emergente, que también puede considerarse un sistema. Resumiendo, hay estructura de partículas y hay estructura

info@matterinfolife.com

de las cargas de las partículas; las dos estructuras existen y podemos decir que exeractúan si las consideramos independientes o interactúan si las tomamos como subsistemas, formando un sistema. Algunos niegan la estructura de partículas, diciendo que las partículas son muy pequeñas y que no vale la pena tenerlas en cuenta. Partiendo de ahí, solo trabajan con los campos magnéticos, que son intangibles[18]. Quiero hacer notar la coexistencia y que además de la estructura de partículas, también hay que tener presente la estructura de los campos magnéticos cuando hablemos de los seres, vivos o inertes. Para los conocedores de la radiofrecuencia, alterar campos magnéticos crea ondas. Las ondas se superponen unas a otras creando estructuras de ondas. Las estructuras de ondas se pueden dar por modulación o por amplitud. Recuperar estas ondas requiere usar un proceso inverso al de su creación. Para esto se usa un fenómeno natural, la resonancia. La resonancia es un estado que se da en los procesos, un estado dinámico, donde la materia se mueve en sintonía y crea perturbaciones que son útiles en el caso de los campos magnéticos, para recuperar las ondas generadas, y destructivos en el caso de otros sistemas. Ejemplo de usos útiles de la resonancia de ondas son la radio y la luz laser. En los efectos destructivos, el más famoso en mi memoria, el puente de Tacoma en USA donde el viento destruyó un puente colgante al entrar en resonancia con la estructura. Luego las cargas, que no vemos, también se estructuran y son parte de los sistemas y procesos que afectan las estructuras de las partículas.

Luego la información es un estado del proceso de la materia viva donde se combina tanto la estructura de las partículas, como la estructura de las cargas magnéticas de las mismas, sin perder de

---

[18] Intangibles que no se pueden tocar pero se sienten.

vista el movimiento. En otras palabras, tenemos un sistema, un ser con una propiedad emergente, la información, que es la esencia común de la materia viva y nos permite decir que ese ser está vivo. La materia y la información comparten el universo, como lo hace el modelo sistema-proceso. Sin materia no hay información, pero sin información todavía existe la materia. Esto es lo mismo que decir, sin materia no hay movimiento, pero sin movimiento todavía existe la materia.

Pasemos a discutir conceptualmente el proceso de creación de información y tratemos de enmarcarla en nuestro modelo de sistema-proceso.

Capítulo 4.

¿Qué Es Información?

La información es el resultado de la capacidad informacional. La capacidad informacional es un proceso que emerge en un sistema, la materia viva. En este proceso se incluye percepción, discriminación, almacenamiento, comparación y juicio. Mientras que en el proceso material, las partículas elementales y sus propiedades crean nuevos sistemas, en el proceso informático solo existen propiedades definidas en la verdad particular. Las propiedades de la verdad particular son definidas por el ser vivo en su proceso de vivir. Tengamos presente que un ser humano emerge del proceso de un sistema que posee trillones de células, cada una un ser vivo. Un ser célula eucariótica, emerge del proceso de un sistema que posee unas cuantas células procarióticas, cada una un ser vivo. Tenemos tres niveles de seres vivos, procariótica, eucariótica y ser humano, que podemos ver con el modelo, subsistema-sistema-metasistema. Cada conjunto de seres vivos, sistema vivo, con su propia información. Cada sistema vivo con su capacidad informacional, siendo esa capacidad informacional emergente del conjunto de seres vivos que lo integra. El proceso informático se da en toda la estructura, cada uno de los niveles de la estructura que conforma al ser vivo, pero ésta se va refinando con cada nivel.

La información la podemos concebir como darle forma a las estructuras de la materia, pero en este caso, no se trata de darle forma al ser, sino representar al ser percibido creando un objeto. Se requiere materia tanto para el ser observado, como para el ser que observa, por esto mencionamos la información como juicios a la materia. Una materia está siendo juzgada por otra materia y los parámetros los establece la materia que está juzgando, con su verdad particular. En la información no hay parámetros preestablecidos fuera del ser vivo, por esto la responsabilidad individual o colectiva recae en cada uno de nosotros y en todos nosotros.

El elemento fundamental de la información es la discriminación y podemos afirmar que al usar la capacidad informacional estamos discriminando. Esto es: distinguir, crear limites no importa que tan difusos, pero distinguir. O sea que para que exista información se requiere discriminación. Cuando creamos límites al discriminar, damos" forma" al objeto; creamos un sistema informático en un proceso material; creamos o definimos un objeto.

Empezamos percibiendo ondas o recibiendo choques de otras partículas. Estas son recibidas por la base de la estructura viva, las células. Ejemplo, las células de un ojo, reciben rayos de luz y los interpretan, luego se pueden comunicar con otras células dentro del sistema nervioso, que a su vez, se comunica con el cerebro y le da interpretación final a la percepción discriminada por las células. En este caso, la discriminación final del cerebro, un objeto, es la realidad para el ser vivo que está mirando. El cerebro-mente es la cima en la estructura, tiene la última palabra. Almacenamos los objetos para referencia. Al volver a discriminar, si tenemos objetos de referencia los comparamos con los discriminados. Finalmente juzgamos, decidiendo sobre una de múltiples interpretaciones que podemos hacer: ¿Es la primera vez que lo discriminado está ante nuestros ojos? ¿Es útil? ¿Es bello? Etcétera.

www.matterinfolife.com

Percibir

Percibir es recibir una acción. El ser que recibe una acción es receptor. Las acciones entre partículas elementales, pueden darse por choque de partículas o por ondas. Las ondas son alteración de campos magnéticos. El conjunto de acciones forman un proceso. Los procesos se inician con la acción de la materia, que crea perturbaciones por acción de su masa y su carga. Hablamos de acciones como choques u ondas. Estas perturbaciones afectan a otra materia que está en el curso de la perturbación. La perturbación afecta tanto a materia inerte como a materia viva. Las perturbaciones según su intensidad pueden alterar la estructura de la materia que la recibe o simplemente mover o agitar la estructura. En el primer caso, la materia que recibe una perturbación intensa, se deforma o parte y si es una materia viva puede perder su capacidad informacional. En el segundo caso, cuando la intensidad es baja, solo creará movimientos de las partículas sin afectar su estructura. Hasta acá todo tipo de materia, inerte o viva, ha percibido la perturbación. Cuando la percepción es por choque, estamos siendo parte de la acción, otra materia nos ha impactado. Cuando la percepción es por ondas, estamos percibiendo el cambio en el campo magnético, no hemos recibido la acción directamente, digamos que hemos recibido sus efectos. Hay ondas que por su intensidad, pueden destruir la estructura material; es lo que sucede con una explosión.

Toda palabra tiene acepciones y cada uno escoge la interpretación que desee. Para entender que queremos decir con percibir y crear una referencia en el proceso informático, hablemos del caso hipotético de los que se quedan en blanco.

Supóngase que usted abre sus ojos un día por la mañana y está en blanco. Todo lo que ve, es de un mismo color, blanco. No hay

info@matterinfolife.com

sombras, todo es el mismo color, blanco. Piensa y se pregunta ¿Será que estoy mirando algo blanco? Entonces, mira arriba y ve blanco, mira abajo y ve blanco, a la izquierda y la derecha etc. donde sea que usted mire es lo mismo, ve blanco. Usted está literalmente en blanco. No existe nada ante sus ojos, solo ve blanco.

Usted puede argumentar muchas cosas, hay tantas argumentaciones, que serian insuficientes varios tomos para listar todas ellas, especialmente en juntas y congresos. Entonces limitémonos a algunas de ellas. Como solo dije que usted abrió los ojos y está en blanco. Déjeme complementar que usted tiene 22 años y no nació ciego. Esto es, si abrió los ojos y se quedó en blanco, no es porque ha estado en blanco todo el tiempo. Tampoco es que está viendo una hoja blanca, o sea que hay una hoja de papel blanca cubriendo sus ojos; puede parecer que está viendo en blanco pero no es este el caso, no hay sombras. Entonces pensaría usted que puede estar muerto. Claro, usted tiene otros sentidos. Tal vez si escucha conversar o cualquier otro ruido, no estará muerto. Supóngase que no oye nada. Así sucesivamente, si le "desconecto" todos sus sentidos en el momento en que abre los ojos, estaría usted sin olfato, tacto, etc. estaría usted pensando si está vivo o muerto. Pero insisto, usted está vivo. Por el hecho de que usted no tiene percepción en sus sentidos, usted no está muerto. Usted está aislado. Una especie de secuestro, no material sino informático. Claro, como está sin sus sentidos, usted definitivamente morirá. Como buscar agua, no ve. Como pedir agua, tal vez gritando. Pero qué pasa cuando le respondan, usted no escucha. Le pueden traer el agua, usted no podrá tomársela, no tiene sentidos, no sabe que se la trajeron. Si se la trajeron no la siente en la boca, no tiene sentido del tacto. No lo pueden llevar a ninguna parte hasta que usted diga. Supongamos que lo llevan a su casa, ¿Cómo sabe que lo están llevando? Usted no tiene sentidos, nadie sabe en que está usted. Usted estará como una piedra por el hecho de estar completamente incomunicado con su ambiente. Usted tiene su capacidad informacional intacta, pero le falló su sistema nervioso aferente. Definitivamente, usted estará en inercia hacia la desconexión del mundo, se ha desconectado de la materia, pasara a ser materia sin capacidad de tomar decisiones, usted no percibe su ambiente, usted muy seguramente morirá.

Quedarse en blanco en este caso, fue un asunto netamente informático. Una roca no se queda en blanco de esta manera, una roca no puede reflexionar, no tiene capacidad informacional. Desde el punto de vista material, las acciones de la materia se dan a través de ondas o por choques de partículas o choques entre grupos de ellas según su estructura. Puedo decir que la materia percibe las acciones de otra materia. Un ejemplo se da mirando la luna. ¿Ha mirado la luna y visto sus cráteres? Si la luna no percibiera las acciones de los meteoritos, no se deformaría, no tendría cráteres. Si la luna no percibiera la tierra, no estaría rotando alrededor de la tierra, tal vez lo estaría haciendo alrededor del sol o simplemente iría en línea recta sin ser atraída por ningún cuerpo estelar. Luego la luna percibe las interacciones con la materia, como lo hace cualquier ser vivo.

Otro ejemplo material de percibir, es el de una roca que calentamos poniéndola al sol ardiente, si percibiera, la piedra no se calentaría, pero la piedra se calienta con el sol, luego la piedra percibe al sol. Lo que sucede es que esa percepción, no tiene significado, no genera información, no se crea un objeto en la piedra.

info@matterinfolife.com

Luego, la materia, a través de las acciones de la materia, perturba a la materia. Las perturbaciones crean un conjunto de percepciones tanto en el sujeto que las inicia, como en el objeto, que las recibe. Una perturbación se divide en acción y reacción. El conjunto de perturbaciones crea los cambios en las estructuras, es lo que llamamos el movimiento. En nuestro modelo, el movimiento de los sistemas, crea los procesos, es lo que llamamos el funcionamiento del universo.

Discriminar

Discriminar es darle límites a lo percibido. Discriminar es darle significado a lo percibido. Discriminar es crear objetos de lo percibido. Una percepción es un hecho que podemos llamar dato o evento. Discriminar en esencia es crear información de lo percibido. En este paso del proceso informático, se están reuniendo acciones de la materia, que el ser vivo convierte en información. Las condiciones estructurales de la materia viva, le permiten "observar" a la materia. Dependiendo de la capacidad informacional, la discriminación tiene más o menos elementos. En cualquier caso, la discriminación la crea el ser vivo que recibe la acción.

Percibimos, luego discrimínanos lo percibido y descubrimos imperfecciones, descubrimos que hay diferencias. Primero, como seres materiales estamos percibiendo, luego como seres vivos estamos discriminando una o varias diferencias en lo que estamos percibiendo. Al discriminar creamos un objeto. La discriminación es posible porque tenemos capacidad informacional. Cuando más capacidad informacional tiene el ser vivo, mejor discriminación. En el mismo proceso, al seguir discriminando, al definir nuevos límites, ya no tenemos un todo, sino partes. Ahora que tenemos partes, cada una puede ser definida como un objeto independiente. Al definirlas como independientes creamos nuevos objetos, múltiples todos. Continuando con este proceso, en teoría podemos llegar a las partículas elementales, la base de la materia. Veamos un ejercicio. Cierre sus ojos y gira la cabeza a su derecha, en el mismo instante que abre sus ojos, ve un todo. Es todo lo que puede ver al abrir los ojos, pero usted empieza a discriminar. Usted revisa colores, continuidad, distribución y al final de este proceso, usted descubre algo. Digamos, esta frente a la playa, en la puesta del sol. En este proceso la imagen inicial es un todo. Al seguir los colores, usted discrimina particularmente el sol, su intensidad, etc. Luego ve un bloque particularmente grande, es el mar. Al seguir discriminando, ve trazos más suaves que son las nubes, al ser discriminadas, pueden ser cúmulos, nimbos, etc. Entre más discriminación está aplicando más objetos le llaman la atención y así sucesivamente, hasta llegar al límite material de sus ojos.

Lo anterior nos lleva a entender que la información no está afuera esperando a que la recojamos. No está almacenada fuera de nosotros, nosotros la creamos internamente, con o sin la asistencia de terceros creamos información al discriminar lo percibido. La creación de información inicia con la discriminación y llega al juicio de la materia, que es el significado que le damos a la percepción recibida. Esa interpretación es propia, única da cada ser vivo y se crea en el instante que se discrimina. Para entender un poco este proceso, miremos lo que dice Mira y López respecto al miedo:

> "Hagamos un esfuerzo imaginativo y tratemos de representarnos los orígenes de la vida en nuestro planeta: siguiendo las ideas de Heckel podemos suponer que los primeros seres vivos del reino vegetal aparecieron en el fondo de los mares, en donde las variaciones del ambiente son, relativamente, suaves y lentas, de suerte que es más

fácil la conservación de cualquier ritmo metabólico; es casi como, en un momento dado, por agrupación especial de complejas moléculas de carbono, se crearon los anillos propios de la serie orgánica de la química y surgieron las primeras micelas protoplásmicas, posiblemente aún no estructuradas en forma específicamente estable, ni mucho menos en forma individualizable macroscópicamente. Pues bien: ya desde entonces, en ese primitivo protoplasma, cabe suponer que sus micelas, al recibir el impacto de las nuevas o bruscas modificaciones del ambiente fisicoquímico (alteraciones de tensión osmótica, de carga eléctrica, etc.), revelan una modificación de su ritmo metabólico, el cual se ve momentánea —o definitivamente— comprometido cuando el desnivel entre la capacidad alterante del exterior y resistente de su interior se inclina a favor del primero (excitante o estímulo). Y entonces puede sobrevenir en ellas un proceso de precipitación coloidal, más o menos extenso, o sea, una fase de 'gelificación' que según sea reversible o irreversible (en función de la capacidad de recuperación vital) determinará un estado de primitivo 'shock' coloidal o de 'muerte' protoplásmica."

Como lo explica Mira y López, las modificaciones del ambiente percibidas por el ser vivo, crean una modificación al funcionamiento (ritmo) del ser vivo. En otras palabras, el proceso discriminante del ser vivo, crea alteración en la estructura del mismo; una reacción que cambia al ser vivo. El cambio que se da en el ambiente del sistema crea cambios en la estructura de partículas o la estructura de los campos magnéticos del mismo. En este pasaje, el cambio representa miedo, el ser vivo le está dando significado a la percepción de un cambio en el ambiente, la acción que se produce en el ambiente es discriminada como posiblemente nociva.

A un nivel informático más alto y usando el sentido de la vista, ver Figura 3. Imagen Para Discriminar, cuando miramos está figura por primera vez no es fácil saber que hay ahí. ¿Que representan esos trazos irregulares sobre el cemento? Esta imagen es el recorrido de un caracol por una berma (acera). Si usted no está familiarizado no podrá llegar a esta conclusión desde la imagen. La otra curiosidad es que el recorrido del caracol resalta con el reflejo de luz, en este caso por la luz del sol y es difícil verlo en la dirección opuesta.

Figura 3. Imagen Para Discriminar

Para los seres vivos lo más notorio es el movimiento. Detectar el movimiento requiere menos esfuerzo, menos capacidad informacional. Si estamos observando algo ante nuestros ojos, estamos buscando identificar el contenido de lo que hay allí, habrá

info@matterinfolife.com

unos colores que resaltan más que otros, nos llaman la atención, pero hay que atribuirle significado, la única forma de hacerlo es discriminando. Dándole límites a lo que vemos y buscando en nuestro cerebro alguna referencia a lo que está ante nuestros ojos, asociamos los colores, hacemos seguimiento a los continuos, los puntos contiguos, etc. Pero en el caso del movimiento, lo que está en movimiento nos distrae y nos cambia la atención general al ser que se está moviendo. De esa manera, la discriminación se re-enfoca y se trata de discriminar lo que se mueve.

El paso de discriminar se vuelve en sí mismo un proceso, pues como vimos en el ejercicio, al mirar estamos atribuyendo significado, separamos los elementos de lo que vemos, analizando, juntamos los elementos de lo que vemos, sintetizando. Usualmente no tenemos que reflexionar sobre este proceso, lo hacemos de manera mecánica, discriminando por asociación a lo más familiar que tenemos almacenado en nuestro cerebro. Discriminar como proceso es más difícil que traer lo ya discriminado y almacenado. Discriminar requiere crear un objeto, para esto hay que crear límites, conceptualizar, etc. Es más fácil informarse con lo que tenemos en memoria.

Hay un nivel de discriminación de segundo orden. Cuando no estamos percibiendo todavía discriminamos, discriminamos sobre los objetos que ya creamos y están en la mente. Nos volvemos a presentar imágenes, hacemos representaciones mentales y las discriminamos. Este ejercicio nos trae al presente imágenes que no están en el presente, generalmente abstrayendo lo que más nos impactó. Esta abstracción nos puede llevar a conclusiones que ni siquiera existen en la verdad general. Ideas de ideas, entre ellas están las emociones o la lógica. El accionar de la materia no sigue reglas informáticas, se las asignamos.

www.matterinfolife.com

Almacenar

Crear memoria o almacenar lo discriminado. Almacenar la información requiere medios materiales, ese almacenamiento requiere una estructura, un código apropiado. Estos medios materiales, como ya lo hemos dicho, no se refieren solo a la masa de las partículas, sino también a la carga de ellas. Como sabemos, no vemos la interacción gravitacional, pero percibimos sus efectos, nos mantiene en permanente atracción hacia el centro de gravedad de la tierra. Luego en el proceso de almacenar lo ya discriminado influye tanto la masa como la carga y también la estructura de las partículas.

Veamos un ejemplo. Supóngase que usted piensa que en los libros hay información. A usted le gustaría leer a Confucio. Usted no sabe leer chino y a mí se me ocurre darle algunos escritos de Confucio en idioma chino. ¿Podrá usted después de que le entregue el libro empezar a "recoger" la información que hay allí? No. En el momento que yo le entrego el libro, lo que hay ahí no es información para usted. Usted no puede discriminar el código chino. Lo que ve son unos trazos, signos sin significado para usted.

Analicemos un poco el ejemplo. En ese libro hay información confuciana. Alguien inventó el chino. Confucio lo aprendió. Luego con el código chino, Confucio plasmó parte de su información haciendo uso de la abstracción, codificó las discriminaciones que él hizo y que luego las materializó en ese libro que le entregué. Técnicamente, almacenó información parcial en el libro. Ahora, usted debe entender primero el código. Eso significa discriminar el idioma chino de unos trazos sin sentido, aprender chino. Luego podrá leer, reversar el código a lo que representa. Al leerlo, estará discriminado y pareando las palabras con las ideas que usted aprendió de ellas. Como usted no tiene el mismo cerebro, ni ha

info@matterinfolife.com

vivido las experiencias de Confucio, usted le dará su propio significado a lo que escribió Confucio. Si el texto habla de un pez, usted imaginará uno que usted tiene almacenado, no el que Confucio vio. Si dice que estaba mirando el río Yang, usted imaginará un río que ha visto, no el que veía Confucio. Aun conociendo el río Yang, debería estar en el mismo sitio donde estaba Confucio, con los mismo árboles, etc. Revisando este proceso, usted tendrá mucho trabajo antes de que siquiera pueda saber que dice el libro y luego pensará y le dará significado a lo que dice el libro, según sus experiencias, según la información que usted tiene almacenada; Confucio quería comunicarse y lo hizo parcialmente a través del libro, el libro fue un canal, no tiene mensaje para el que no tiene el código y lo que usted visualiza al leer el libro, son imágenes de sus experiencias previas, no de las experiencias de Confucio. El libro no tendrá información real de las experiencias discriminantes de Confucio, el libro solo le transmite ideas y usted las procesa creando su propia información.

¿Todavía piensa que los libros tienen información? Tratemos de llegar a un acuerdo. Involucrando el paso siguiente del proceso informático que es comparar, digamos que los libros tienen signos y que usted los discrimina, luego compara lo discriminado, el signo, con lo almacenado, la representación, y usted decide que significado tienen esos signos al parearlos con otra información que usted tiene almacenada en su cerebro. Al final, en cada momento de la lectura, usted hace referencia a la información que tiene almacenada para interpretar los signos en el libro y atribuirles significado. No a la información que tiene el escritor, pues simplemente y en términos físicos usted está en el otro extremo, usted juzgará con la información que usted tiene.

www.matterinfolife.com

Comparar

Más allá de discriminar está comparar. Discriminar es darle significado a lo que vemos, esto crea objetos. Comparar requiere dos elementos, cuando comparamos, los dos elementos pueden ser, dos seres, dos objetos o una combinación. Técnicamente, comparamos objetos, pues los seres son presentados al ser vivo a través de los sentidos.

Al discriminar estamos dándole significado a la realidad del momento, a la realidad de nuestro presente.[19] La mente representa nuestro presente, nuestro cerebro procesa simultáneamente muchas acciones, pero solo tenemos presente una de ellas, la que está siendo visualizada en la mente. Para revisar este y los otros pasos en el proceso informático; lo que percibimos, lo que discriminamos, lo que almacenamos y lo que comparamos; miremos lo que sucede en un ejemplo de Mira y López (López, 1965), es el caso de un pequeño perro en una situación violenta, que también pudiera ser el caso de algunos seres humanos (me incluyo).

"… nuestro gigante es uno de los más rápidos y avispados aprendices que se conocen. Veamos, por ejemplo, lo que

---

[19] Digo nuestro presente pues mi hermano me decía que no vemos en presente, que vemos en pasado. Si bien lo que vemos ha sido procesado y el resultado de ese proceso nos ha llegado después de que sucedió, en el momento que lo recibimos, en el momento que lo discriminamos, en ese momento es nuestro presente. Las células especializadas en nuestros sentidos están percibiendo experiencias antes que las células de nuestro cerebro. Un caso en el mismo sentido, es el que se presenta con la luz de las estrellas lejanas. Hoy recibimos luz que salió de ellas hace miles o millones de años. Usted decide si sus experiencias o la luz que estamos percibiendo están en presente o están en pasado. Esto es un ejemplo de lo que llamamos "lógica".

info@matterinfolife.com

sucede a un perro de pocas semanas si un hombre que va en un carro desciende de él, grita de un modo peculiar y le da un fuerte bastonazo en el lomo: durante varios días o semanas se habrán vinculado como estímulos efectivos (es decir, se habrán condicionado) para determinar su miedo y su reacción de huida todos cuantos integrasen la situación (constelación) que resultó dolorosa. Así pues, le bastará ver a cualquier persona descender de cualquier vehículo en movimiento; percibir cualquier grito similar al que precedió a su dolor; ver a cualquier individuo con un bastón, etc., para asustarse. Con ello ha multiplicado infinitamente las ocasiones de sufrir el zarpazo del miedo sin real necesidad.

... Y en definitiva, tratándose de animales que posean un sentimiento existencial, resulta evidente que tales miedos —comprensibles pero injustificados— aumentan innecesariamente el sufrimiento, en un ciego intento de evitarlo. Porque, a su vez, cada uno de ellos crea cien sustos y, de esta suerte, se engendra una especie de círculo vicioso que nutre a nuestro gigante, haciéndole tomar inusitadas proporciones; éstas llegarían a invalidarnos para toda acción, a no ser porque en ese grado de evolución han surgido de su propio vientre otros que, desconociendo su paternidad, van a oponérsele ferozmente."

De este relato, podemos ver que hubo una acción, el bastonazo, y hubo otros seres rodeando la escena del evento, lo que se resume como constelación de elementos, la verdad de un evento. En el momento del hecho significativo, el golpe; el perro discriminó varios objetos, carro, persona, bastón, grito, etc. El proceso de discriminación no fue muy acertado, no quedó claro el hecho del golpe, cualquiera de los objetos del evento pudo ser la causa. El

www.matterinfolife.com

perro no discriminó claramente lo sucedido, no entendió el proceso, las comparaciones lo llevan a que el hecho principal se puede repetir al estar en presencia de al menos uno de los objetos discriminados y ahora memorizados.

El perro busca cuidarse, no sabe quién es quién o qué es qué. Esto es, el carro, el grito del humano o el bastón, quedan asociados como objetos participantes del hecho. Al perro le falta capacidad informacional para entender el hecho y saber que pasó realmente, el perro creó su propia verdad de los hechos. Con la verdad de los hechos, el perro le da significado a lo que puede o no tener significado. Cada análisis es una interpretación de los hechos, desde distintos puntos de vista. Qué interés tenía el humano de pegarle un bastonazo al perro es otro punto de vista en esta constelación de elementos.

Las comparaciones se hacen en cualquier proceso de análisis o de síntesis. Hay que tener claramente los hechos y los subprocesos materiales e informáticos además de nuestras limitantes en la capacidad informacional debido a los diferentes paradigmas de nuestra verdad particular. Estos términos serán definidos más adelante.

Hablemos de discriminación de segundo orden, ideas de ideas. Las comparaciones nos puede llevar a decir que dos seres son iguales cuando en realidad lo que es igual son los objetos, no los seres. Los seres al ser discriminados pueden definirse por ciertos parámetros. Estos parámetros le permiten al ser vivo, crear el objeto y por asociación decir que los seres son iguales, lo que no es cierto, pues se les han extraído elementos comunes y comparando estos elementos comunes que definen el objeto comparado, no los seres. Un ejemplo: Decimos que dos triángulos son iguales. Nos referimos a los modelos que creamos. No a las gráficas que están en el papel. Las gráficas en el papel, que fácilmente abstraemos, son distintas. Al trazar un triangulo sobre un papel, estamos pasando partículas de tinta de un lugar a otro. De la pluma al papel. Esto hace que creemos un ser cada vez. Dos triángulos, dos seres distintos. Nos ponemos de acuerdo en la abstracción, en que ambos seres representan triángulos, no en que los seres que creamos al hacer trazos en el papel son iguales. Estos dos seres están apoyando las ideas geométricas, "tres líneas forman un triángulo". Luego nos ponemos de acuerdo para crear igualdad donde no existe, mediante el uso de la discriminación y la comparación.

Juzgar

Juzgar es asignar significado a lo discriminado. En otras palabras, en el paso de juzgar terminamos el proceso informático iniciado en el paso de discriminar. Luego el último paso en el proceso informático, donde conseguimos el resultado, donde creamos la información es al juzgar. La mente crea o recrea un objeto cuando juzga. Cuando estamos discriminando dijimos que hacíamos síntesis o análisis, pero ¿Cuántas veces revisar el proceso de discriminación antes de juzgar? Juzgar termina el proceso informático y determina cuál de las discriminaciones es la más relevante para el ser vivo, para cada uno de nosotros, pero nosotros estamos al mando de todo el proceso mental. Miremos un ejemplo refiriéndonos a la Figura 3. Imagen Para Discriminar. Al preguntar ¿Que ve en la figura? algunos observadores, no le darán importancia a los reflejos. Supongamos que usted si los nota. En ese mismo momento usted está separando los reflejos de otros objetos como la acera, la grama, etc. un análisis. Luego si se pregunta ¿Qué pueden ser estos reflejos? Está utilizando la

www.matterinfolife.com

síntesis, está pensando en los reflejos como un grupo. Puede analizar y "encontrar" más de un reflejo. Los puede contar y el número de los reflejos es una síntesis. Todo este proceso es discriminatorio, desde el punto de vista a la pregunta ¿Qué ve en la figura? El juicio puede llegar diciendo, no sabe.

Los juicios son decisiones. Al juzgar estamos tomando una decisión. Decidimos sobre la discriminación que nos parece más acertada. En la síntesis, el juicio se hace por la integración de elementos. En el análisis, el juicio se hace por descomposición de elementos. En el proceso informático se usan ambos, análisis y síntesis. En los juicios del ser vivo, se está buscando darle significado a la comparación de la situación actual con otras en memoria. En el caso del perro, el juzga cuales son los objetos de los que se debe cuidar; el carro, el humano o el bastón, un par de ellos o todos.

Hay veces que al juzgar sobre acciones entre el mundo informático y el material, creamos lo que es realidad virtual. El cine permitió "crear" movimiento donde no lo hay. Vemos personas u otros seres moviéndose en una pantalla. Pero realmente no hay personas moviéndose. Lo que vemos en la pantalla, es una representación de fotografías estáticas, que con el uso de mecanismos especiales, nos parece algo que está sucediendo, pero lo que estamos viendo no existe, es memoria, almacenamiento de hechos; es claro que nos estamos "engañando". Si usted analiza la forma como trabaja el proyector y que se requiere un número mínimo de 25 fotos por segundo, expuestas de una forma específica para dar la sensación de movimiento, entenderá que la noción de información requiere dinámica.

Cuando hay más capacidad informacional, es posible incorporar motivos al paso informático de juzgar. La acción se acepta, es un

info@matterinfolife.com

hecho; se pasa a juzgar el proceso informático. En nuestro modelo el universo funciona; hay movimiento, que con una referencia específica, como hemos dicho, podemos hablar de ciclos. "tratándose de animales que posean un sentimiento existencial" (López, 1965) se empiezan a crear motivos; se hacen preguntas netamente informáticas, donde los hechos pasan a segundo plano y se apela a las ideas de segundo orden. En ese momento, se empiezan a emitir juicios, sobre la intención. Las intenciones no existen en el mundo material, las intenciones vienen de los objetivos. Los objetivos nacen con los seres vivos, hacen parte de su verdad particular, los objetivos tienen que ver con lo que el ser vivo quiera para sí y los seres que lo rodean. Los objetivos pretenden satisfacer necesidades o deseos. Ningún ser inerte tiene objetivos, pero los seres humanos se los asignamos. Un ejemplo es cuando alguien deseando construir un mundo mejor, crea artefactos para proveer alimentos más fácilmente, pero el usuario decide que hay otros usos. Me refiero a las armas, la idea inicial de las lanzas debió ser mejorar la caza, pero ese enfoque pasa a otro diferente cuando empezamos a usarlas contra nosotros mismos. Las buenas intenciones pueden ser un atenuante, pero los hechos muestran el resultado de las acciones; el primero es asunto informático y el segundo un asunto material. También piense que las intenciones requieren mayor discriminación o conciencia para el individuo que está juzgando. Hablaremos de la conciencia más adelante.

Juzgar es la etapa final del proceso informático. Debemos tener presente la simultaneidad del accionar de la materia y la gran cantidad de células que forman nuestro cerebro. Así, mientras una parte del cerebro está en una percepción, otra está en una discriminación, otra está comparando, otra está almacenando y otra está juzgando, entendamos que el cerebro está trabajando en cada paso del proceso informático en todo momento, lo que hace más difícil entender el asunto informático.

Capítulo 5.

¿Donde Está La Información?

Ya hemos dicho, la información es el resultado de la capacidad informacional de los seres vivos. Esa capacidad informacional nos permite crear objetos, que al juntarlos con nuestras expectativas u objetivos, creamos un modelo general que es nuestro modelo de la realidad. Hay tantas realidades como seres vivos. De una manera más gráfica, podemos decir que la información es un sistema, una foto y la capacidad informacional es un proceso que crea la película. Esa película es información, es la vida que cada ser vivo crea, su realidad.

Los objetos son información. Los objetos los crea el cerebro directamente de la información que recibe de nuestros sentidos. Notemos que estos objetos de "primera" mano dependen de la configuración de los sentidos, discriminar una vibración la hace tan objeto, como discriminar una sinfonía. Lo mismo es tan objeto la discriminación de un punto, como la discriminación de una película. La configuración inicial de lo discriminado no está a nuestro alcance directo, depende de las características de las células que conforman cada uno de los sentidos. Las células del sistema nervioso aferente transportan la discriminación de lo percibido por los sentidos hasta el cerebro y allí, las células del cerebro combinan lo discriminado obteniendo un objeto de lo percibido. El objeto esta en vivo, en un proceso emergente esencial del cerebro, la mente. El objeto en la mente es creado por estructura o secuencia. En el cerebro tenemos el funcionamiento de una estructura de células con funciones comunes, no una célula específica. Como se ha dicho, las células forman colonias especializadas, responsables de los diferentes órganos, a su vez, los distintos órganos se combinan formando una estructura superior, que es un individuo. Tanto la estructura viva de la célula, como la del individuo, tienen su "propia" información, siendo la información del individuo emergente de la estructura de las células. Los objetos en nuestra mente, son creación informática que resulta de la información que las células nerviosas han llevado al cerebro.

Los objetos son una creación informática de los seres vivos. Pero ¿Cómo llamar a objetos más elaborados? Esto es, como llegar a objetos como los triángulos. Creados cuando extraemos características a los objetos, o sea objetos basados en parámetros informáticos de objetos. Lo vimos con los trazos de los triángulos en el papel, a partir de parámetros informáticos, tres-líneas y tres-ángulos, creamos otro objeto. Llamemos a este nuevo objeto, modelo.

En sí mismos, los modelos son objetos pero los podemos denominar objetos de "segunda" mano. Veamos otro ejemplo: "Carro". La palabra carro está representando millones de objetos en el idioma español. No define un objeto en particular es una parte de un modelo. El modelo más especial de los modelos creados por los humanos, la escritura. Los modelos pueden ser estáticos como el sistema o dinámicos como el proceso. Sin capacidad informacional adecuada, no se pueden crear modelos, pues no se pueden abstraer características o parámetros que sean iguales a dos seres. De esta manera, cada ser vivo va agrupando objetos y luego los relaciona, creando un modelo con el que afronta el mundo de la materia; en otras palabras, todo ser vivo discrimina y crea límites que definen los objetos, luego les atribuye propiedades y crea modelos. Los modelos más completos son los creados por nuestros cerebros, los de los seres humanos. Otro ejemplo muy especial es el modelo de ciencia, basado en el método científico, con el cual nos hemos distanciado enormemente de los otros animales. Pero ese modelo como cualquiera otro tiene limitaciones, al separar los seres para estudiarlos, éstos, pierden las propiedades emergentes y por eso la aplicación del método científico no nos permite estudiar la capacidad informacional. Requerimos nuevos métodos para salir de la incertidumbre mencionada por Heisenberg, el método científico tiene límites materiales en su aplicación.

En este capítulo vamos a presentar un modelo donde podamos dar sentido o al menos un contexto a un todo informático. Una concepción de la distribución de la información, no necesariamente geográfica, pero que lleva a la noción del todo informático en los seres vivos, la verdad de cada uno y la noción de información en los hechos, que son la referencia final a lo que sucede, la verdad general.

Verdad Particular, La Filosofía De Vida

Cada ser vivo tiene su propia información. De alguna manera cada ser vivo está atrapado en ella, su información es su realidad, lo que usted ha procesado con su capacidad informacional está almacenado en usted. La realidad de cada ser vivo puede ser llamada, verdad particular. Lo de verdad es porque usted ha creado objetos, ellos existen en usted. Al combinar estos objetos, crea modelos y esos modelos que le han costado esfuerzo, son verdad, particularmente son verdad para usted. Está verdad es particular a usted, por esto la llamaremos verdad particular. Su verdad particular cambia cuando usted aprende; cuando aprendemos incorporamos otros objetos a nuestro modelo, los referimos nuevamente o cambiamos unos objetos por otros, nuestro modelo de la realidad se transforma.

Revisando la historia del ser humano encontramos que este ha creado modelos acordes a su verdad particular, que a su vez, están acordes con la capacidad informacional del momento y acordes a los avances tecnológicos que son comunes a esos grupos a través de la historia. Esto es lo que Tomas Kuhn, llama paradigmas científicos.

La verdad es un modelo que ha tenido muchos mártires. Es un concepto de segundo orden. En primer orden están los hechos, lo que sucede. Esos hechos, como dijimos, son percibidos y discriminados por los sentidos, que son células, y llevados al cerebro, el sitio donde radica su verdad particular (la del lector). Allí, en el cerebro por mecanismos desconocidos, usted discrimina, almacena, compara y juzga en un proceso "simultáneo". Cuando lo hace, se apoya en su verdad particular que puede verse como su filosofía de vida, la referencia global a todas sus acciones. Cuando decimos referencia global, no es una sola referencia, es un conjunto de referencias para cada punto de vista o tema de conversación. Un ejemplo es la política. Usted puede ser de un partido político o de otro. Otro ejemplo es que usted puede pensar que los hijos deben obedecer ciegamente a los padres o que los hijos y los padres deben tener criterio para definir cuando obedecer y cuando no. Luego, cuando usted llega a un juicio o decisión usted ha usado su verdad particular, no importa lo que otros puedan pensar, si usted piensa que tiene la verdad, usted tiene la verdad.

Una referencia más practica sobre la verdad particular, una científica es la noción de color. Los colores solo existen en cada uno de nosotros. Para el ciego no existen. Podemos afirmar que cuando usted y yo estamos viendo una flor, digamos roja, usted perciba el mismo color que yo estoy percibiendo. Recuerde a los daltónicos que confunden los colores rojo y verde. Lo que sucede es que cuando asistimos a la escuela, digamos que nos sincronizan. Está sincronización, nos ayuda con el lenguaje y con los colores a la misma vez. No estoy diciendo que existan diferencias muy importantes, pero si las hay. Es común que cuando las diferencias en color no son tan pronunciadas, discutamos cual es el tono de color en pinturas o fotografías. Siguiendo con el punto de los daltónicos, podemos decir que si los daltónicos tienen una alteración de la visión de los colores y el rojo lo ven como verde y viceversa. Esto confirma que los colores en la realidad no tienen una tabla preestablecida por la naturaleza y que así como existe el intercambio de colores en los daltónicos, el cerebro podría dar representaciones a los colores de una manera distinta a la que estamos acostumbrados. Como referencia en este sentido, la discriminación visual de la percepción de ondas electromagnéticas, las serpientes pueden ver lo que nosotros no vemos, imágenes termo-gráficas, esto es, las serpientes ven en longitudes de onda electromagnética que los humanos no discriminamos.

Con el termino verdad particular, estamos hablando de toda la información que tenemos de referencia y que usamos a su vez en la creación de nueva información. La interpretación del ambiente relevante, del "mundo externo"[20], es particular a cada uno, es lo

---

[20] Mundo externo está entre comillas pues no existe mundo externo. Somos parte del mundo y así, no podemos hablar del mundo externo. Nosotros somos el mundo.

que comúnmente llamamos subjetividad; pero lo que pensamos es objetivo[21], pues es creado por nosotros al discriminar los hechos. Luego el modelo personal con que miramos el mundo es la verdad particular. Con la verdad particular filtramos las acciones de otros y juzgamos. En otras palabras, lo que aprendemos en la familia se vuelve una referencia "permanente" mientras estamos vivos. Por eso una verdad particular sana nos permite alinear los puntos de vista en una dirección, la de vivir mejor. La verdad particular se convierte en la filosofía particular.

Por eso la filosofía, y más específicamente, nuestra filosofía de vida, es tan importante como la materia de la que estamos constituidos. De nuestra filosofía se desprenden todos nuestros puntos de vista. Para mencionar algunos puntos de vista déjeme hacer referencia a varios autores:
Stephen Covey, en Primero lo primero, nos expone a: Vivir, Amar, Aprender y dejar un legado. Allí mismo dice que tenemos cuatro dones para ayudarnos en el proceso: Autoconocimiento, Conciencia, Voluntad independiente, Imaginación creativa.
Katherine Benziger en maximizando nos habla que tenemos cuatro cerebros que ven: Estructura, Ritmo, Lógica, y Conceptualización y la maximización se consigue con el uso integral de estos.
Emilio Mira y López en Los Cuatro Gigantes del Alma nos habla de El Miedo, La Ira, El Amor y El Deber y resalta que el sentido del deber es un gigante joven que tiene todo su esplendor en los líderes.

---

[21] Digo que es objetiva pues cuando usted piensa que tiene la razón, tiene la razón. Es su vida, son sus argumentos los que tienen valor para usted. Esta objetividad es lo que hace difícil cambiar cuando se piensa que se está obrando bien. El asunto es, solo interpretamos lo que tenemos en el cerebro, eso es objetivo para cada uno.

www.matterinfolife.com

Más adelante en la sección sobre la vida, hablaremos más sobre el tema, ahora es importante una cita sobre el punto de vista de la libertad personal (la persona como un todo en sociedad) y la libertad de la persona en la sociedad (la persona como una parte de la sociedad). En esta cita se confronta el control externo, con el control interno. El sitio donde radica el control o gobierno es fundamental para entender cómo crear la verdad particular que permita formar una sana vida en comunidad.

"Los hombres son idóneos para la libertad cívica en la misma proporción en que desean amordazar moralmente su propio apetito; en la proporción en que su amor por la justicia aventaja a su codicia; en idéntica proporción en que la pureza y la sobriedad de su juicio es mayor que su vanidad y su presunción; en la proporción en que prefieren el consejo de los juiciosos y de los íntegros a las adulaciones de los pícaros. La sociedad no puede existir sin que se ponga freno en alguna parte al desatado apetito, y cuanto menos dispongan los hombres de él, incluso en su propio fuero interno, tanto más ha de ser impuesto desde afuera. Es algo intrínseco del eterno transcurso de los hechos, que los hombres de carácter indómito no pueden ser libres. Sus mismas debilidades son las forjadoras de sus cadenas." Edmund Burke, 1791.

La libertad y el control van de la mano, son determinados por nuestra verdad particular. La filosofía de vida o nuestra verdad particular, es una referencia que creamos en nuestras vidas, referencia informática propia para la toma de decisiones. Esta referencia nos lleva a obedecer a nuestros padres sin la menor duda, o anteponer lo que algunos llaman criterio y otros ética individual y rehusarnos rotundamente. Lo que hemos resaltado con la verdad particular, es que los seres vivos, aun teniendo la misma base genética, percibimos el mundo diferentemente, pues tenemos estructuras materiales e informáticas distintas. La estructura informática es la verdad particular, la estructura material está dada por la genética, pero la capacidad informacional cambiar al aprender.

Cuando tomamos decisiones difíciles, por encima de cualquiera. Por encima de padre, madre, esposo(a), hijos etc. Es porque pensamos que tenemos la razón y dentro de la verdad particular, que representa la filosofía de cada uno, tenemos la razón. Lo importante aquí es que entendamos las consecuencias de esa verdad particular. Entendamos que los seres que nos rodean, son apoyo, tienen otros modelos de la realidad, luego respetándolos y confrontándolos con los nuestros, alcanzaremos una sinergia y con esta un resultado superior al resultado individual, con esto cada uno tendrá un mejor modelo de la verdad general. Algunas personas piensan que el resultado es lo importante, o sea los hechos son lo más importantes. Otras piensan que la dinámica es lo más importante, o sea los procesos son lo más importante. En este libro decimos, tanto la materia como la información influyen en la capacidad informacional, la una con limites materiales y la otra con limites informáticos. Tus límites materiales crean tu cuerpo, tus límites informáticos crean tu filosofía; sin lo uno o lo otro tú no eres tú.

Es importante anotar acá, que todo este proceso informático, tiene lugar dentro de las características naturales de la materia. No hay, no existe nada sobrenatural, lo que existe es ignorancia y como lo expone Michel Largo, "ha habido una búsqueda eterna por lo divino" una búsqueda para encontrar la verdad y particularmente la verdad general, pero nadie quiere dejar sus privilegios, mientras que todos queremos un mundo mejor.

Entonces cada uno tiene su verdad particular, con la cual lleva su vida por el "camino" que cada uno mismo decide; esto es, la verdad particular limita la capacidad informacional y define objetivos para alcanzar dentro de la verdad particular. Una sana verdad particular crea una vida alineada, donde se aprende que es lo posible y lo imposible para cada uno, sin prejuicios optimistas ni pesimistas.

Verdad Convencional, La Cultura Y La Ciencia

Usted tiene una verdad particular, yo tengo otra. No podemos tener la misma verdad particular, pues la verdad particular es única por todos los elementos que contiene. Pero hay elementos que los dos compartimos. Hay elementos en su verdad particular que coinciden con los de mi verdad particular. Estos elementos de su verdad particular que coinciden con los míos, se convierten en comunes a usted y a mí; se convierten en verdad convencional, estamos "compartiendo" modelos o parte de ellos.

Estos elementos comunes, nos ayudan a comunicarnos, al comunicarnos estamos creando un ser vivo mayor. Ese nuevo ser vivo, creado por vínculos de la verdad convencional, es un nuevo sistema, tiene nuevos límites. Si formamos equipo, usted y yo somos partes de un sistema más grande, somos subsistemas. Los sistemas más grandes, pueden realizar procesos más grandes. En economía existe el concepto de especialización, que permite mayor productividad, y a su vez mas riqueza. La especialización no puede existir sin verdad convencional.

info@matterinfolife.com

Los elementos de la verdad convencional vienen, de información de segundo orden. Al realizar los primeros trazos sobre las cavernas, el ser humano inició un proceso, no solo artístico, de reproducir objetos en la realidad, sino que se dio paso a la escritura. Los precursores de la escritura de hoy son los jeroglíficos, un paso intermedio entre los dibujos y la abstracción de la escritura de hoy en día. Hay otros objetos de segundo orden como la belleza, la libertad, etc. que han nacido en un proceso teoría-practica de expansión del lenguaje. En este proceso se crea un modelo de lenguaje, que luego es aumentado en el proceso de uso de ese modelo, practica. Toda cultura está llena de verdad convencional, tanto que pudiéramos decir que la verdad convencional es cultural, es de grupos de seres vivos que comparten objetos. Nota: es verdad convencional para grupos de psicólogos que 90% de nuestro comportamiento o actuación, viene de la verdad convencional recibida o aprendida antes de los 7 años de edad.

Al leer estas líneas usted está compartiendo una verdad convencional, un idioma, el español. Estamos de acuerdo en este código, un modelo que esta convenido de antemano, no porque exista previamente a la creación del convencionalismo. Crear convencionalismo tomó cientos o miles de años eso ha sucedido los idiomas. El proceso del idioma empezó con la creación de los animales multicelulares, pasó por las señas, los sonidos que hoy vemos en algunos animales y luego los pioneros en el lenguaje escrito, los humanos, creamos trazos en las cavernas, y como dijimos, a través de jeroglíficos, llegamos a la palabra escrita. Hoy gracias a la palabra escrita, usamos el video, que complementa la comunicación, mostrando las acciones de la materia de una forma virtual. Intercambiamos información usando información. Insisto que la información no existe fuera del ser vivo, es la esencia de la vida. Tal vez por esto es tan difícil comunicarnos, todo el proceso es interior. Covey sugiere que la manera más fácil es entender la verdad particular del ser vivo al que queremos comunicarnos, pues conseguiremos referir nuestras ideas en los términos del otro, en los términos que el otro entiende (Covey, 2009)[22].

Algoritmos, recetas o ciencia todos son procedimientos. El punto de vista a destacar es la abstracción requerida para formar conceptos convencionales, de primer orden o de segundo orden. La ciencia nos ayuda a encontrar la forma en que funciona la materia. Los científicos desarrollan recetas, técnicamente llamadas algoritmos, para separar trozos de materia, adicionar otros trozos de materia, operar artefactos[23] y mezclar, para luego, percibir, discriminar, almacenar, comparar y juzgar. Cuando estas recetas pueden ser repetidas por otros humanos y obtener los mismos resultados, estamos en presencia de un proceso científico. El método científico permite que la mezcla de materia, según el algoritmo definido, siempre se comporta igual o podemos decir que el experimentador siempre observa lo mismo. Este método aplicado por muchos años, ha permitido reconocer comportamientos de la materia y nos ha abierto muchas posibilidades. Estas posibilidades crecen todos los días y serán más grandes en la medida que encontremos como direccionar nuestra verdad convencional, sin atropellar o matar nuestra verdad particular.

---

[22] Ver el quinto hábito en el libro Los siete hábitos de Covey. Primero entender para luego ser entendido.
[23] Los artefactos son todos los elementos creados por los seres humanos. Útiles para hacer tareas, como herramientas, o para adornar, como cuadros o estatuas.

info@matterinfolife.com

Veamos un pasaje de Russell donde enfatiza, justicia en la verdad convencional y libertad en la verdad particular:

"Hemos distinguido, en términos generales, dos propósitos principales en las actividades sociales: por una parte, la seguridad y la justicia requieren un mando gubernamental centralizado que, para ser efectivo debe extenderse hasta la creación de un gobierno mundial. El progreso, por el contrario, exige el campo de acción más amplio posible para la iniciativa personal que sea compatible con el orden social.

En cuestiones culturales, una de las condiciones del progreso es la diversidad. Las corporaciones que gozan de una cierta independencia del estado, tales como las universidades y los centros académicos en general, tienen un gran valor a este respecto. Es deplorable ver como en la Rusia actual se obliga a los hombres de ciencia a suscribir desatinos obscurantistas a instancias de órdenes de políticos ignorantes en cuestiones científicas, que se encuentran en la situación de imponer sus ridículas decisiones por medio de presión económica y política. Espectáculos tan lamentables solo pueden evitarse limitando las actividades de los políticos a la esfera en que son, teóricamente, competentes. Los políticos no deberían tener la osadía de decidir lo que es buena música, o buena biología, o buena filosofía. Yo no quisiera ver que en mi país se decidieran cuestiones de esta índole según el gusto personal de cualquier Primer Ministro, pasado, presente o futuro, aunque diera la casualidad de que su gusto fuera impecable.

"Ahora examinaré la oposición entre la ética individual y las instituciones sociales y políticas. Ningún hombre es completamente libre y ninguno es completamente esclavo. Para guiar su conducta, en las cosas en que un hombre disfruta de libertad, necesita una moral personal. Algunos dirán que lo único que tiene que hacer un hombre es obedecer el código de moral aceptado por su comunidad. Pero no creo que esta contestación satisfaga a ningún conocedor de la antropología. Costumbres como el canibalismo, los sacrificios humanos y la caza de cabezas han desaparecido gracias a protestas morales contra la opinión moral tradicional. Si un hombre desea sinceramente seguir el mejor camino que la vida le ofrece, tiene que aprender a mantener una actitud crítica frente a las costumbres y creencias de la tribu, aceptadas comúnmente por sus vecinos." (Russell, 1949)

Hemos hablado de la verdad convencional al nivel de los seres humanos. Estas ideas se deben aplicar de la misma manera a las células. Las células también tienen propiedades emergentes y manejan información, solo que apenas empezamos a entender el funcionamiento de las células. Todavía no hemos descifrado los códigos que utilizan para comunicarse, es un hecho, tienen que comunicarse para crear al ser multicelular. Sin embargo, cuando se lee acerca de las células, todo se presenta de manera mecánica, física, no se da cabida a la información en el proceso celular o entre células. Solo vemos su accionar, como cuando vemos el accionar de otro ser vivo o el accionar de las estrellas. No vemos su información, solo vemos lo que hace. Las células tal como nosotros utilizan medios físicos para comunicarse. Partículas y campos magnéticos, entre ambos generan electricidad y movimiento, pero no tenemos el cada uno de los códigos para entender que se dicen entre ellas. Tan simple como que no entendemos un idioma extraño a nosotros.

Hablando de la verdad convencional de las células, el trabajo universitario, Inteligencia basada en significado (Jacob & Shapira, 2004), habla claramente sobre el desempeño cooperativo de colonias de bacterias, de 10^9 a 10^{13}, que se agrupan y se comunican por diferentes medios consiguiendo un trabajo colectivo, sin perder su carácter individual. Las células están modificando su verdad particular y creando una verdad convencional, podemos decir que aprenden al compartir con otras células, adquiriendo verdad convencional como grupo. Esto nos muestra como organismos unicelulares pueden compartir información, creando una verdad convencional. Al mantener características individuales, se entiende que mantienen su verdad particular. Extendiendo este concepto, al de estructura material, encontramos que con ayuda de la verdad convencional se crean nuevos seres vivos, seres multicelulares, que tienen un nuevo asunto informático alrededor del cual funcionar, el "nuevo" ser vivo, un organismo multicelular. En este caso, la fuerza de unión se da por efectos informáticos, comunicación.

Lo explicado anteriormente se ve más fácil en estructuras de seres vivos a nuestro nivel, en las manadas. Cada manada desarrolla verdad convencional que termina distinguiendo unas manadas de otras, o sea, cada grupo tiene verdades convencionales que los caracterizan. En esencia, tenemos el mismo concepto estructural emergente ya visto de la materia, individualmente se exhiben unas propiedades, verdad particular, y colectivamente se adquieren otras propiedades, verdad convencional. Estos modelos informáticos se replican en insectos como las hormigas o las abejas, en las grandes manadas de animales como cebras o venados, en los grupos de aves, etc. verdad convencional que los humanos percibimos pero que no discriminamos, no tiene significado para nosotros su comportamiento "igualitario". Como ejemplo podemos tomar grupos humanos. Según análisis antropológicos, todos los humanos tenemos un antepasado común, el grupo de homínidos. Si esto es posible, ¿Cómo se explicaría los diferentes idiomas? Los idiomas representan verdad convencional, los grupos al evolucionar aisladamente desarrollaron estos, por múltiples razones que son elementos técnicos.

En conclusión, la verdad convencional permite integración de seres vivos. La comunicación se da como resultado de crear verdad convencional en seres vivos del mismo nivel.

Verdad General, La Materia

Podemos decir que la verdad de verdades es el mundo que tratamos de modelar, no importa lo que percibimos o discriminamos, individual o colectivamente, la base de todo lo que existe son esas partículas elementales; son verdad indiscutible. Las partículas elementales no se ven, el accionar de las partículas y sus propiedades, hacen posible que estas se estructuren. Con cada estructura vienen diferentes resultados, los astros, el agua y los seres vivos. Los seres vivos hacemos parte de esas estructuras de partículas, nuestra gran diferencia radica en que nuestro funcionar es guiado informáticamente, por objetivos personales, sin escapar a las propiedades de las partículas y sus estructuras, somos una estructura material capaz de darle significado a la materia. La materia representa la verdad general cuando de hechos se trata. Un grupo de médicos podrá discutir sobre verdades particulares al preguntárseles, ¿Cómo fue que un individuo murió? ¿Cuál fue la causa que lo llevo allí, el detonante? ¿Cuál fue el momento del último suspiro? Pero el hecho, la verdad general y única en que todos coinciden, es que hay un cadáver.

Si la verdad general está dada por los hechos, estos radican en la estructura de la materia. Como se mencionó en la primera sección, la materia está ahí, en partículas elementales con masa y carga. Los seres vivos somos una estructura que discrimina el accionar de la materia, los choques o las ondas percibidas. Miremos un ejemplo. El sonido, la onda sonora, llega a los ojos, los ojos perciben la vibración mecánica, pero no hay interpretación. Lo mismo sucede cuando su doctor le alumbra en su oído para mirar el tímpano. El tímpano recibe la luz, pero usted no la oye. El ojo está formado por células entre ellas las que discriminan las ondas electromagnéticas y las envían al cerebro, donde se crea el objeto. El oído tiene células que discriminan las vibraciones mecánicas y las envían al cerebro, donde se crea el objeto.

En la ciencia física hay modelos que buscan predecir las acciones de la materia. Estos modelos están basados en las discriminaciones de primer orden que crean objetos y luego en nuevas discriminaciones de estos objetos y de las acciones comunes de esos objetos, discriminaciones de segundo orden. Al tener un modelo, los físicos realizan el proceso inverso y con experimentación verifican una y otra vez lo discriminado. Con estos ciclos, modelo-realidad, pretendemos modelar el mundo real y predecir lo que pasará. Pero ese modelaje está lejos de ser real, solo alcanza a ser verdad convencional; al trabajar con grandes conjuntos de partículas elementales, la gran mayoría de las acciones entre partículas quedaron filtradas, ya no reflejan la realidad, solo un modelo más simple de lo que ella es.

www.matterinfolife.com

Hay que destacar, que los hechos en la verdad general, han sido y serán el principio de todo, son las acciones materiales. Alguien me decía que estoy siendo muy radical con mi modelo de la información. Pero es así, la materia tiene masa y carga, entre las dos tienen la opción de crear las más diversas formas. Como partes, las partículas crean todos con dinámica. Estos todos en algún momento adquieren una capacidad informacional básica, la mínima forma de vida. Esa forma de vida mínima, es difícil de diferenciar de la materia inerte, todavía no miramos el mundo con el enfoque informático sino con el enfoque mecánico, tengo fe que llegaremos a entender el concepto e identificar la transición de ser vivo a ser inerte. A nuestro nivel, está forma de vida mínima es como una máquina, la distancia entre estímulo y respuesta es tan física, tan positiva, que no parece información a nuestros ojos, solo parece simples reacciones físico-químicas, que en último término, a nivel atómico, son cambios de estructura. Cambio de una estructura a otra puede interpretarse de muchas maneras. En el fondo, estos seres vivos mínimos, son materia que atribuye significado a otra materia que los rodea con una interpretación muy básica y simple, la utilidad. La materia que está en su ambiente le sirve o no le sirve para vivir. Por eso, a pesar de las dificultades las comunidades son para muchos la mejor forma de vivir. Por esta razón, algunas formas de vida se estructuran de maneras más complejas, con un alto grado de orden, llegando a los seres multicelulares. Hoy seguimos negociando la mejor estructura o el orden que debemos tener como humanidad.

La verdad general está representada por la materia, está en nosotros, pues somos materia y está fuera de nosotros, pues de otra manera no percibiríamos nada. La verdad general le enseña a los seres vivos los límites de sus capacidades. De la misma forma que un físico explora el mundo, en el ciclo modelo-realidad, de esa misma manera todo ser vivo explora el mundo. El ensayo y error es tan intuitivo que no lo notamos, pero es la confrontación entre la verdad general y la verdad particular. La naturaleza representa la verdad general, choques y perturbaciones en todo momento, transformando las estructuras formadas por las partículas elementales. En la verdad general no hay concepto de universo, no hay concepto de perfección, no hay concepto de necesidad, solo existen las partículas elementales en acciones sin discriminación.

Para mostrar la verdad de la materia podemos referirnos al hecho de que no importa lo que pensemos, cuando rompemos el soporte material al proceso de la vida, el proceso de creación de información termina, como termina el proceso de creación de la luz al quitarle el soporte material.

Miremos algunos conceptos informacionales.

Capítulo 6.

10 Conceptos Informáticos Básicos.

Hemos sostenido que la información es el resultado de un proceso, la capacidad informacional, que solo toma lugar en la materia viva y es un proceso interno, dentro de los seres vivos. Si no existiéramos los seres vivos, no existiría información, las acciones materiales seguirían, el universo funcionaria ¡Qué pena! sin nosotros. Estos conceptos informáticos son de referencia; discriminación de primer nivel o de segundo nivel, o sea objetos o modelos.

Recordemos, la complejidad viene por la cantidad de elementos, seres y objetos, y la cantidad de eventos entre estos, no porque los principios que rigen la materia sean complejos. Miremos el caso del punto Euclidiano, axioma de la geometría del mismo nombre, que ha permitido el desarrollo matemático. El punto no existe en la verdad general, solo en la convencional, es un objeto base, axioma en la geometría. Antes de Euclides, la geometría era práctica, se utilizaba por experiencia, algunos lo llaman el método exhaustivo, otros ensayo y error, trabajar una y otra vez hasta conseguir el resultado. La idea de punto nos permite abstraer toda materia y entonces crear un objeto, un punto de partida indiscutible, pues ya una vez se acepta como axioma, es verdad convencional. Si un punto tiene una medida infinitesimal, como algunos afirman, existe en el mundo material, es una esfera muy pequeña. Entonces, Euclides hizo una gran abstracción y creo algo que no existe en la verdad general, y lo mismo sucede con otros conceptos informáticos más o menos claros. Con la ayuda de la geometría práctica formas y figuras de la naturaleza, objetos de primer nivel, Euclides creó un modelo de punto, objeto de segundo nivel. A partir de ahí, la geometría teórica permitió nuevos desarrollos al pensamiento abstracto y el mejoramiento de las ciencias. Un desarrollo dialectico entre teoría y práctica.

Miremos entonces algunos conceptos informáticos básicos. Que parecen desafío importante para muchos que, de primera mano, dicen que es lógico que los seres vivos lo sean por manejar información. Lo cual no es técnicamente cierto, el primer paso de los seres vivos es crear información y luego, hacer uso de ella o manejarla. Empezaremos este recorrido en la perfección, que en el mundo material representa, homogeneidad. Seguiremos con el punto de vista, esto es, desde donde o bajo qué función está usted usando sus juicios. La lógica, reglas particulares, que la verdad general no "conoce". La estructura, que crea el universo y se olvida de las pequeñas partículas y su incesante interactuar. Los ciclos, que solo existen acompañados de alguna referencia. El tiempo, casi hijo puro de la información, soportado por los ciclos. Los números y su hija las matemáticas, modelo de modelos. La medición como un asunto de comparación. El equilibrio, lo inexistente hecho real. La trampa informática, asesina de la materia o creadora de grandes egos.

1. La Perfección, La Homogeneidad.

La perfección es un concepto, no existe en la verdad general, es más, me atrevo a decir que no existe en la verdad convencional, pero todos tenemos nuestra propia idea de perfección, existe en nuestra verdad particular.

Miremos un ejemplo. Se ha dado cuenta que lo que para usted es perfecto, para su contraparte, la que está al otro lado del escritorio no lo es. Tengo un amigo que aprecio mucho, ha subido la escalera corporativa y se quejaba de cómo el gobierno quería restringir su accionar comercial. El estaba hablando como usuario. Cuando le pregunté si él restringía a sus empleados, me contestó sin pausa, claro, de que otra forma puedo conseguir resultados. Luego, está perfecto restringir a otros, pero no está perfecto que nos restrinjan. Sin embargo, las diferencias en la forma de concebir la perfección, si se manejan adecuadamente, crearán especialización desde cada punto de vista y al combinarse a través de la sinergia, crearán el mejor resultado.

Desde el punto de vista material, la perfección puede asociarse a homogeneidad. Todo concepto tiene un punto de vista y la perfección no es la excepción. La perfección en sí misma no significa nada. Tal vez se aproxima más a no tener información o no poder tenerla. La perfección desde el punto de vista de las interacciones, significaría que no se tiene errores, que todas las acciones cumplen el mismo patrón y no se salen de él. Desde el punto de vista de los seres, de la materia, significaría que el todo es homogéneo, que no tiene impureza. Algunos hablan que desde el punto de vista de la sociedad, la perfección sería que hay igualdad, nadie tiene más que nadie, todos vestimos lo mismo, todos nos vemos igual. Pero en la materia se da todo lo contrario, formas distintas, procesos con "errores", etcétera, luego desde el punto de vista material no existe la perfección.

Desde el punto de vista informático, en la abstracción pura, las ideas de segundo orden, ahí pudiéramos hablar de perfección. Todo funciona en el mundo de las ideas. Usted crea castillos, con innumerables habitaciones, que no necesitan limpiarse,

info@matterinfolife.com

permanecen limpios si usted lo dice. No hay problemas, no hay calor, no hace frío, su castillo está a una temperatura que ni siquiera usted piensa en ella. Pudiera como en los cuentos de hadas o reyes o en cualquier cuento perfecto, gastar innumerables páginas hablando de la perfección. La perfección es hipotética pues al llegar al mundo material, todo es a otro precio.

La perfección dentro de los objetos, digamos la perfección con adjetivo, también se puede concebir como el ser que se ha definido por especificaciones y que se comporta según ellas. O sea, según la definición que se hizo de él; en términos de realizar proyectos, lo que se planeó es lo que hace. Ejemplo, si estamos hablando de una persona. Esta persona es perfecta como persona si se comporta como tal. Un político, según algunas personas que conozco dicen: si habla bien, hace algo de lo que dice y roba, es político (Debo decir que hay excepciones). Un tigre, si tiene rayas, caza y come carne es un tigre. Acépteme algunas sobre simplificaciones aquí y en otras partes. En fin, si cumple la definición de lo que es, entonces es perfecto según la definición. Luego, hay la perfección de ceñirse a las especificaciones, la perfección de operar según las especificaciones. Luego esto sería una perfección filtrada a algunos parámetros.

Pero esto, comportarse según lo definido, no necesariamente es perfección. ¿Donde está la definición de las tareas que debe realizar el tigre? En el sentido que me referí, el tigre será perfecto para un grupo que comparte lo que debe hacer el tigre y ya habría varias definiciones de la perfección del tigre. Esto es lo que sucede con los expertos. Se agrupan según sus verdades particulares y luego empieza a discutir. Desde un concepto más abstracto, el tigre para ser perfecto, además de hacer las labores de tigre las debería hacer a la perfección. El tigre no debería enfermarse, mantener el mismo peso y todas sus cacerías deben terminar en una presa, etc.

Como dijimos, la homogeneidad no existe en el mundo material. Usemos nuestro modelo de sistema-proceso. Si la materia está hecha de partículas, ya no podemos hablar de homogeneidad, hay discontinuidad. Pero aceptemos que hay homogeneidad aún teniendo partículas. Miremos la estructura. Supongamos que las partículas son iguales, pero que hay de las distancias entre ellas, si no son iguales, como sabemos, ya no hay homogeneidad. Supongamos para seguir, que las partículas son iguales y que las distancias entre ellas son iguales, entonces que hay de la dinámica entre ellas, se moverían todas al tiempo o no se moverán. Si suponemos que se mueven juntas, esto es al mismo tiempo, sincronizadas en la misma dirección, es como si no se movieran. ¿Cómo saber si se mueven si todas tienen la misma velocidad? Necesitamos una referencia, pero ¿Cuál? Todas las partículas se mueven como un bloque. En fin, para tener homogeneidad en la materia todas las propiedades deberían ser iguales y entonces no diferenciaríamos las partículas, pues todo sería igual. En cuyo caso no existiríamos.

Unos días estamos más optimistas y otros días más pesimistas, no hay homogeneidad. La capacidad informacional es puesta a prueba, la capacidad informacional incluye esta característica de sube y baja, pues en la verdad general no hay perfección, ni homogeneidad. Entendiendo que la perfección es un concepto desarrollado por humanos, debemos usar ese concepto para mejorar, para discriminar mejor, para construir un mundo mejor, usando la fe, el valor y la justicia. La idea de perfección nos convierte a los seres humanos en seres perfectibles, seres guiados por la idea de la perfección.

info@matterinfolife.com

2. Los Puntos De Vista

Los puntos de vista pueden asociarse a la materia o a la información. Al asociar el punto de vista a la materia, nos referimos a la posición desde donde se mira al ser observado. Mirando a una persona, la podemos mirar desde la espalda o desde el frente o de perfil.

Al asociar el punto de vista a la información, nos referimos a la referencia que tomamos, el paradigma o filtro informático que usamos. Al ver dos individuos, digamos hombre y mujer, podemos ver una pareja o dos seres. Una pareja es un todo. Dos seres son dos todos. En el primer caso estamos viendo un sistema. En el segundo contemplamos los individuos, que son 2 sistemas. Los procesos informáticos, de síntesis y de análisis, son dos puntos de vista informáticos que han ocupado a los psicólogos y que estos han sostenido nacen de la fisiología del cerebro, de la estructura de este. El modelo lo hemos oído por muchos años, hemisferio izquierdo y derecho procesando un mismo hecho de dos formas diferentes. Mirémoslo en palabras de Covey:

> "Durante décadas se han realizado muchas investigaciones sobre lo que se ha dado en denominarse teoría del predominio cerebral. Fundamentalmente, se ha descubierto que cada hemisferio del cerebro (el izquierdo y el derecho) preside diferentes funciones y tiende a especializarse en ellas, procesa diferentes tipos de información y aborda distintas clases de problemas.
>
> En lo esencial, el hemisferio izquierdo es más lógico y verbal, y el derecho más intuitivo y creativo. El izquierdo trata con palabras, el derecho, con imágenes; el izquierdo, con partes y detalles, el derecho con totalidades y con la relación entre las partes. El izquierdo analiza, lo que

supone dividir y fragmentar; el derecho sintetiza, lo que significa unir. El izquierdo piensa secuencialmente; el derecho piensa de modo simultáneo y holístico. El izquierdo está ligado al tiempo; el derecho está exento de tiempo. Aunque empleamos ambos hemisferios cerebrales, por lo general uno u otro tienden a prevalecer en cada individuo.

Desde luego, lo ideal es cultivar y desarrollar una buena comunicación entre los hemisferios, de modo que primero se pueda advertir que es lo que la situación requiere, y después emplear la herramienta adecuada para abordarla. Pero la gente tiende a quedarse en la 'zona cómoda' de su hemisferio dominante, y a procesar todas las situaciones en concordancia con una preferencia cerebral izquierda o derecha.

Como dice Abraham Maslow: 'El que es hábil con el martillo tiende a pensar que todo es un clavo'." (Covey, 2009)

La materia como hemos dicho, simplemente es. Si los hechos tienen múltiples discriminaciones, aquí mostramos dos, algo sucede. La creación de información en cada ser vivo tiene punto de vista informático. Un ejemplo, que además de punto de vista puede referirse a interpretación. Parece sin sentido decir que no tiene el mismo punto de vista el que recibe una acción que el que la ejecuta, ¡es obvio! Pero ¿Cómo juzgar entre un accidente y una mala intención bien disfrazada? El hecho no cambia, el resultado es. La premeditación no es fácil medirla, pero el que recibe la acción tiene un punto de vista y el que la ejecutó tiene otro punto de vista. Cuando entramos a juzgar si accidente o intención cualquier testigo tiene su interpretación de los hechos y con éstos, su juicio. Esto nos lleva a pensar que los juicios legales, en los estrados públicos, pueden ser un asunto de poder económico no de justicia.

Miremos otro ejemplo, Si usted acostumbra desplazarse en bicicleta y compra carro, ¿su mundo se hace más grande o más pequeño? Todo depende del punto de vista. Si usted analiza en términos del uso que usted le da a la bicicleta, moverse en un área de dos millas, o sea no cambiará la distancia con la compra de su carro. El mundo se le hace más pequeño para la misma distancia, viaja más rápido, ahorra tiempo. Ahora cambiando de punto de vista, usted compró el carro porque quiere ir más lejos, entonces su mundo, yendo más lejos abarcará más elementos, habrá más variedad, su mundo se ha hecho más grande.

3. La Lógica

La lógica es verdad particular. En los modelos científicos, se aplica lógica convencional, un ejemplo de esta lógica usada por los científicos es la creada por Aristóteles. Recordemos que en la ciencia se usan modelos, discriminaciones de segundo orden.

Miremos la siguiente proposición: Si A=B y B=C entonces, A=C. Aquí hay un modelo usando objetos diferentes y asignándoles propiedades que no corresponden a la realidad.

1. No hay dos seres iguales, la verdad general es única y tangible. ¿Cómo decir que A=B? Realizando varias abstracciones. Una abstracción es que A representa un objeto, que B representa otro y C un tercero. Otra abstracción, el signo "=" igual.
2. Asignamos propiedades que confunden a personas concretas. Me está diciendo que "A=B", A es igual a B. ¿Es

usted tarado? De dónde saca usted que A es igual a B. ¿No es capaz de comparar y ver la diferencia?

En términos reales, si estamos mirando dos átomos de hidrógeno. Como son átomos del mismo elemento químico, entonces son iguales. Aquí estamos ya entrando en la química, los átomos de hidrógeno son "iguales" bajo el modelo protónico, tienen igual número de protones y electrones y así el átomo está en equilibrio de cargas. Es sabido que los electrones están moviéndose alrededor del núcleo, en forma aleatoria según la energía y otros factores. Si los electrones se están moviendo y no están en la misma posición, asumiendo que sus otras características son iguales, los dos átomos de hidrógeno no son iguales.

La lógica pasa por muchos filtros informáticos. La lógica no refleja la realidad, nos ayuda a crear modelos, que como definimos son discriminaciones de segundo orden. La lógica es información, solo existe en algunos seres vivos, especialmente en los humanos. Ejercicio: Piense en algo material que sea igual a otro algo.

En la "lógica" de alguien o en la lógica de grupo, se hacen compromisos, se realizan acuerdos que si hay cosas iguales. Pero esa lógica, no refleja el mundo, es basada en convencionalismos. Además de los filtros hechos por los sentidos, se están filtrando características o propiedades de los objetos y de esa manera, comparamos los modelos discriminados, y allí sí, pudiéramos hablar de que A=B; considerando que A se está refiriendo a un átomo de Hidrógeno y B se está refiriendo a otro átomo de Hidrógeno que bajo el modelo protónico son iguales.

Cuando los objetos son simples o hay pocos conceptos, podremos encontrar características en cada sistema, usando el punto de vista

info@matterinfolife.com

informático que nos permiten aplicar la lógica. Si hay más objetos, en estructuras o interacciones con conceptos informáticos más avanzados o difusos como: amable, (odioso), bueno (malo), útil (inútil), terrible (amigable), bello (feo), grande (pequeño), lejos (cerca), mucho (poco), amplio (estrecho), la lógica pierde validez, no tiene ningún sentido por la complejidad de los conceptos o la complicación de crear verdad convencional de la verdad particular de los participantes.

Más que con la lógica, los seres vivos tenemos más afinidad con las probabilidades. Un ejemplo es el calentamiento global. El cambio en la capa de hielo, polos, nevados, etc. es real. Pero no es el peligro más importante para la humanidad, considerando lo que podría hacer un súper-volcán, un gran meteoro u otro evento más corto, pero no previsto, pues la baja probabilidad saca el evento de la "lógica" de los individuos. Por lógica, Goliat debió matar a David. Por lógica, el más inteligente desde el punto de vista lógico, debería estar a cargo, pero suele ser el de más inteligencia emocional. La lógica es un conjunto de reglas que ayudan a organizar modelos, no aseguran nada, como tampoco lo hace el concepto de probabilidades. Ambos ayudan, mientras el uno es basado en abstracciones, la lógica, el otro es basado en la realidad de los hechos, en el conteo de los eventos.

Para cerrar el concepto de lógica como conjunto de reglas, que buscan simplificar la realidad, podemos mirar discusiones entre personas. Muchas personas discutiendo, mutuamente se acusan de no tener lógica en sus planteamientos. Para dejar un ejercicio soportando las simplificaciones y el concepto de la lógica humana diga ¿Qué es más lógico, que existan hombres y mujeres o qué seamos hermafroditas?

4. La Estructura.

La estructura es uno de los conceptos informáticos más básicos. La estructura está dada por la discriminación hecha a la materia, más precisamente a un subconjunto de ésta. Las estructuras se crean al observar el mundo y la forma como este funciona. La estructura se "convierte" en parte de las propiedades que le asignamos a la materia; la forma que toma un conjunto de partículas, que definimos como todo o un subconjunto de partículas de ese todo que llamamos parte del todo.

Figura 4. ¿Qué Ve Acá?

Las estructuras de la materia son como las nubes. Recuerda el viejo juego de mirar hacia las nubes y tratar de ver figuras. Lo mismo sucede cuando estructuramos nuestra información; nuestra verdad particular tiene una estructura informática. Usted tiene "claro" cuando su familia es primero que su trabajo y viceversa. Otro ejemplo está en los negocios, usted recibe una información del departamento de informática o tal vez, del departamento de investigación de operaciones. Usted usa la estructura de su verdad

info@matterinfolife.com

particular y trata de darle significado. ¿Será que la calidad no es muy buena, será problemas de mantenimiento, el nuevo producto de la competencia? Etcétera. Usted está tratando de discriminar, usa una estructura de elementos, compara con estructuras de otras épocas que tiene almacenadas en su memoria y finalmente llega a la raíz en esta estructura de ideas.

Al desarrollar la idea de estructura, estamos desarrollando la idea de sistema, pues creamos grupos de partículas que nos sirven de referencia para entender el universo. Estas estructuras se basan en modelos, que como dijimos, son abstracciones que tienen sentido, son lógica para unos y no para otros, recordemos las estructuras mencionadas en la primera parte del libro.

¿Cómo definir si una estructura está en caos o en orden? El orden es una idea básica para los seres vivos. Si los procesos de la vida no se dan de cierta manera, no puede existir la vida. En el primer caso es un asunto estético, una preferencia por que debe haber simetría o asimetría. Cada uno define ciertas reglas estéticas, implícita o explícitamente. Mantenerlas es orden, no seguirlas es desorden que puede verse como un caos. En el segundo caso, los procesos de la vida requieren cierto orden, fijación de prioridades que combinan acciones informáticas con acciones materiales. La búsqueda de alimento requiere discriminar y luego acciones materiales. Al desarrollar la idea de orden, por extrapolación, nos llega a la mente el concepto de que existe un orden universal, los seres – vivos e inertes - están direccionados, ordenados, "trabajando" juntos en pro de algo "útil"; hay una dirección entre estos seres hacia un algo, meta, etc. Alguien pudiera decir que el orden no tiene que ver con la utilidad, pero lo que expusimos, el proceso de la vida requiere ser consistente. Desde el punto de vista de su verdad particular, usted tiene su propia idea de orden y para usted, el orden es lo que usted decida. Asimismo, lo que es útil para usted es útil para usted, independiente del orden. Pero en la ejecución de proyectos, usted entenderá claramente, que hay un orden para construir estructuras materiales, sin él, no conseguirá ejecutar sus planes. Muy distinto a la estructura en la información, le damos el orden que queremos a las ideas, ese "orden" es juzgado por otros como orden o como caos. En conclusión, en el mundo de las ideas cada uno tiene la razón respecto al orden, pero en el mundo material, la razón la tiene el resultado, la prueba final de una "buena" estructuración u orden, es poder mantenerse vivo.

Desde el punto de ahorro de energía, el ser vivo busca estructurar los procesos de la vida, internos o externos con el menor esfuerzo posible, producir más con menos esfuerzo o gasto. Una estructuración ordenada al ahorro.

5. Los Ciclos

Se ha percatado, que usted nunca ha estado en un mismo lugar en su vida. Un lugar en el espacio puede ser su casa, ésta, generalmente[24] no se mueve del sitio construido, cuando tomamos la tierra como referencia. Usted puede decir que si hay ciclos para usted, desde su casa que no se mueve, cada día está marcado por la "salida" del sol. Las noches están marcadas por la "entrada" de él y así sucesivamente, ¿No es esa la definición de ciclo? Desde que usted tiene memoria ha sido consciente de este ciclo, día y noche. Si usted vive en sitios de la tierra donde hay estaciones marcadas, ve que hay otros ciclos, primavera-verano-otoño-invierno y la idea

---

[24] Lo digo porque hay fenómenos naturales que en segundos mueven y no solo eso, la mayoría de las veces que la mueven, destruyen lo que tomó meses, sino años construir. Un deslizamiento de tierra, una creciente de un rio, un huracán etc. le pueden mostrar que su casa si se puede mover.
info@matterinfolife.com

se extiende a los ciclos en la vida, nacer-vivir-morir, así muchos procesos se asimilan a ciclos. Dije que "tomando como referencia la tierra" esto es una restricción al modelo de la verdad general, en la verdad general la tierra no es el centro del universo como lo sostuvieron muchas personas hace siglos. Como lo dijimos en la estructura estelar, estamos en una galaxia. El sol se mueve por la galaxia, esto le toma como 200 millones de años, la tierra se mueve alrededor del sol, le toma un año. Añadiendo el hecho del movimiento de la galaxia por el universo, usted no ha estado en el mismo lugar nunca en su vida, eso es verdad general. Su verdad particular, no coincide con este análisis, su casa ha estado en un mismo sitio toda su vida, la lógica le dice que si su casa no se aleja de usted, no se mueve y que usted siempre ha estado acompañado por usted.

Luego la toma de referencia, en este caso la tierra, es base para definir ciclos. Cuando vamos a otras referencias, su casa se mueve alrededor del sol, el sol alrededor de la galaxia y la galaxia se aleja del centro de explosión del Big Bang, concepto que no comparto. En la verdad general no existen ciclos, pero ellos como modelos, nos ayudan a formar verdad convencional, son un modelo, que nos ayuda en la interpretación del mundo. Entonces, la creación de ciclos requiere definir un punto de referencia y con ese punto de referencia empezamos a ver "ciclos".

Vale la pena aclarar la noción de ciclo como información, no como movimiento de la materia. Ciclo es el desplazamiento de un ser que pasa por unas etapas y regresa al punto de partida. Cuando usted salió de la casa por la mañana, fue a trabajar y regresó, realizó un ciclo informático, dentro de la verdad convencional. Usted abstrae, o desconoce ciertas características del todo al que pertenece y entonces crea ciclos para usted, en su verdad particular. Miremos

www.matterinfolife.com

otro ejemplo: Usted dice el ciclo de aprendizaje. Primeros años de estudio, primaria, Segundos años de estudio, secundaria, y luego universidad. Si tiene presente que no llega al mismo sitio, pues con cada grupo de años avanza, no es un ciclo, es un camino. Ahora, en el proceso dialéctico, aprender-aplicar puede verse un ciclo de aprendizaje. Aprendes las bases matemáticas y luego las aplicas, reforzando conocimientos matemáticos más avanzados.

Tal vez estará familiarizado con la segunda ley de la termodinámica; la ley de la entropía. Lo menciono, pues la ley de la entropía habla de procesos irreversibles. Si los procesos son irreversibles, apoyan la idea de que no hay ciclos en la verdad general. Si usted está familiarizado con las bombas de calor podrá decir que en un sistema de aire acondicionado si hay ciclos, el freón recircula una y otra vez y crea un verdadero ciclo. Si bien esto de la recirculación es cierto, lo es teniendo la tierra como referencia, además, el sistema de refrigeración está extrayendo el calor del sitio que se quiere refrigerar para sacarlo al ambiente. Claramente no es un ciclo, aunque parte de ese calor regrese por las paredes.

Luego, los ciclos son un modelo, concepto informático, que requiere tener puntos de vista de referencia. La idea de ciclo nos ayuda a entender los procesos por los que pasan los sistemas, pero no hacen parte de la verdad general.

6. El Equilibrio

El equilibrio general no existe en la materia. El equilibrio general nos lleva a la idea discutida de la perfección, donde todo es perfecto, no hay errores. Cuando todo está quieto, no es posible cometer errores. Todo está en equilibrio, nada se mueve y entonces nada se choca. Si nada se mueve, el único error posible es que algo se mueva. Luego podemos decir, que el equilibrio es una abstracción que hacemos del desequilibrio, una extrapolación. Esta extrapolación puede llevarnos a decir, que puede existir al menos un equilibrio en la verdad general, el universo esta en un equilibrio dinámico, de otra manera no existiría lo que vemos. Pero el equilibrio dinámico en este caso, es causa del desequilibrio de las partículas elementales que pueden estructurarse y reestructurarse.

Posiblemente su idea de equilibrio está en una dimensión; la cuerda floja. En el circo, el malabarista camina por la cuerda floja, mostrando su equilibrio en una cuerda floja a gran altura. Digo de una dimensión pues él se moverá por la cuerda en la dirección en que la cuerda este extendida. La vara que él carga, por asuntos de la física, hace que su centro de gravedad se coloque por debajo de la cuerda, haciendo más estable su recorrido. Pero no le quitemos todo el encanto, está a gran altura y vence el miedo de hacerlo y todavía corre riesgos.

El avión que vuela no está en equilibrio. Si estuviera en un equilibrio general, no se movería. El avión está en "equilibrio"[25] en dos direcciones, vertical y horizontal, pero en la dirección de desplazamiento el avión está completamente desequilibrado respecto a la tierra, se mueve en una dirección definida por el piloto hacia el sitio de destino, el objetivo. Cuando un helicóptero se queda en un "solo" lugar se acerca más al equilibrio en tres dimensiones con referencia a la tierra, pero está desequilibrando el aire que lo rodea.

---

[25] Las comillas para resaltar que el avión está en un ambiente de verdad general, aleatorio, donde el viento lo impulsa lateralmente (puede ser en cualquier dirección) y los cambios de densidades en el aire hacen que éste pueda bajar o subir en cualquier momento.

www.matterinfolife.com

Si hablamos de la estructura de las partes de la materia, los átomos no están en equilibrio, si lo estuvieran no estaríamos vivos, no habría reacciones químicas, no se daría la electricidad por movimiento de electrones, todo sería oscuro, no habría fotones. Entonces desde la base de la materia hay desequilibrio creando cambios y los seres vivos creamos el concepto de movimiento.

Aprender, es cambiar. Aprender requiere desequilibrar la verdad particular y el sistema material que da origen a la información que tenemos. Por lógica, entre más lejos vamos, más podemos aprender, pero en la realidad, entre más lejos vamos, mas riesgo existe y no hay garantía de aprender más. Ir demasiado lejos y perder el equilibrio puede ser fatal. Visualicemos este proceso de cambio. Si trazamos tres círculos de distinto tamaño, Figura 5. Anillos De Aprendizaje. En el círculo central está una zona cómoda. En el círculo intermedio está una zona de desafío. En el último círculo quedará una zona de dolor o pasión. En términos de aprendizaje, esto nos dice que cuando más aprendemos es cuando tomamos los desafíos más grandes, que son los más exigentes, pero a su vez, conllevan más riesgo. En la zona de comodidad, prácticamente no hay riesgo, no nos exigimos, pero a su vez no hay mucho aprendizaje. La intermedia es más desafiante que la primera pero menos beneficiosa que la última. (Colvin, 2008). En fin, cada uno decide que tanto debe desequilibrar su vida para aprender. Sin embargo hay que medir conscientemente los riesgos, pues algunas veces nos exponemos a perderlo todo, al tomar riesgos suicidas, que están fuera de las zonas de aprendizaje "normal".

info@matterinfolife.com

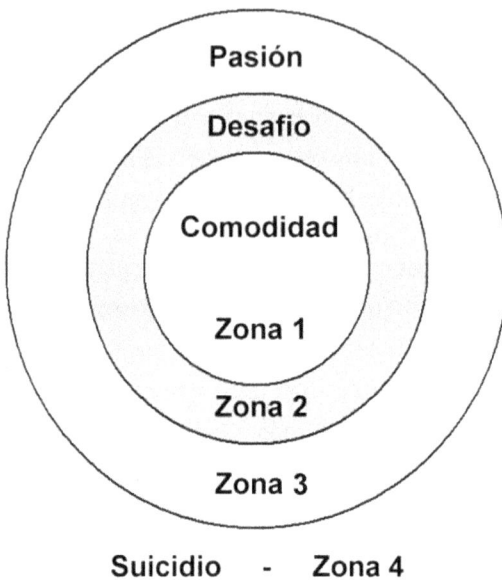

Figura 5. Anillos De Aprendizaje.

El incesante desequilibrio de las partículas se refleja en el cambio de estructuras. Cada cambio puede verse como un conjunto de eventos. El evento detonante o la causa para que el sistema inicie el cambio; el evento intermedio es la transición o reacomodamiento, y el evento final, que se aprecia con la nueva estructura, el nuevo sistema. Los seres vivos, hacemos seguimiento a estos cambios, los registramos y los clasificamos. Es un proceso informático equivalente al realizado en la ciencia estadística. Las estadísticas tienen dos grandes áreas. El conteo de eventos y la predicción de ellos. La ciencia estadística busca darle interpretación a todo el grupo de eventos mediante conteo. Estadísticamente se habla de normalización de eventos y los estudios de diferentes procesos en la verdad general, cumplen con una distribución de eventos, llamada la campana de gauss. Un proceso similar hacemos los seres vivos, prediciendo lo que va a pasar. Los seres vivos, según la verdad particular, predecimos los eventos más posibles o normales y los menos posibles o anormales. Un proceso está en equilibrio si la distribución de los resultados de éste, cumplen con la distribución normal de la campana de gauss. Luego, podemos hablar de un equilibrio informático, donde haciendo uso de probabilidades, los seres vivos predecimos los eventos más probables haciendo conteos de los hechos. Varios autores mencionan que el cerebro es un gran calculador de probabilidades.

7. La Medición

La medición, en su concepto más básico, es un proceso donde comparamos objetos. La comparación de objetos ayuda a crear modelos que permiten crear verdad convencional. La medición usa la lógica de la ley transitiva que ya vimos, Si A=B y B=C entonces A=C.

Miremos la medición de distancias, la longitud. Un metro es una longitud arbitraria, la diez millonésima parte de un cuadrante de un meridiano terrestre; esto no significa nada hasta que tengamos algo concreto. Por eso, se midió el meridiano, tarea que tomo años en su tiempo, y se construyó una barra patrón de platino que teóricamente mide un 1×10^{-7} del meridiano terrestre[26], estando a cero grados centígrados. Cuando decimos que algo, un ser, mide un metro, estamos comparando este ser, con el tamaño de la tierra. Para que la medición se realice tomamos una réplica del metro patrón y para comparar el ser de su interés y los pone uno al lado

---

[26] Con el avance tecnológico, esto cambió. Esa referencia que por mucho tiempo fue 1/10000000 del meridiano resultó no serlo, pero que importa, era arbitraria, es arbitraria.

del otro, compara y decide si es o no la diez-millonésima parte de un cuadrante del meridiano terrestre. Al observar esto entendemos que la réplica del metro patrón está en el punto medio de la ley transitiva.

Al aumentar el número de puntos de vista y al aumentar el número de partes envueltas en el proceso de medir, llegamos a otras mediciones u otras comparaciones que se tornan más complejas. Ejemplo, Medir la longitud de una pieza de madera plana, considerablemente alargada, ver Figura 6. Tabla Y Masa, con bordes bien definidos, con un metro que nos entregan en la mano, es una medición fácil. Lo que hacemos en la escuela cuando nos llevan al laboratorio a repetir ensayos. Pero digamos que nos piden medir la longitud de una masa de carbón, ver Figura 6. Tabla Y Masa., que por supuesto tiene forma indefinida, claramente la forma de una roca. El pedazo de carbón que tenemos intuitivamente claro y que es verdad general, no está en una estructura fácil para medir con un metro. Se requiere otra herramienta de medir y medir varias veces para saber cuál es la mayor distancia entre dos extremos de la masa, y decir que esa es la longitud.

Si queremos medir su peso y su volumen para saber la densidad, el asunto toma más complejidad y aún no hemos llegado a otros elementos, más conceptuales, expuestos en la sección de la materia. ¿Caerán la masa de carbón y la madera con la misma aceleración? Movimiento. ¿Cómo comparar el funcionamiento de la madera y del carbón? Medir requiere selección cuidadosa de los parámetros y de las herramientas a usar, si no podemos ponernos de acuerdo, la medición solo tiene sentido para el ser que realiza el acto de medir. Esto es lo que sucede cuando tomamos posición sobre tareas mentales o físicas que otras personas realizan, la tarea de ellos es más fácil.

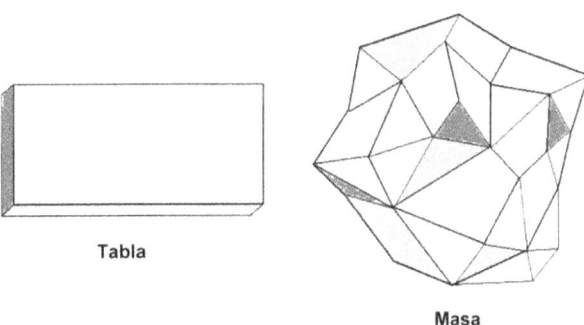

Figura 6. Tabla Y Masa.

La medición natural, esto es la comparación, nos lleva a juicios como son iguales o no son iguales. De ahí, se deriva según el punto de vista, resultados como uno es rojo y el otro es verde, uno brilla y otro no, uno es transparente el otro es opaco, uno es más grande que el otro, el uno es más veloz que el otro, etc. En la lógica difusa se habla de "poquitos", un poco más o un poco menos. Los poquitos son difíciles de interpretar y con el desarrollo humano hemos creado herramientas de medición que se convierten en apoyo a la verdad convencional. Podemos decir, que el metro buscó dar justicia a las transacciones entre las personas, históricamente surgió dentro de la Revolución Francesa buscando mejorar el comercio (Alonso & Finn, 1970). Cuando medimos estamos precisando características de los objetos que creamos, que facilitan la comparación y la creación de verdad convencional.

info@matterinfolife.com

8. Los Números Y Las Matemáticas

Los números son uno de los conceptos más sobresalientes en la información. La unidad es la abstracción de todas las propiedades de un objeto, convirtiéndolo en un todo. Esto también equivale a la concepción de un sistema, defino las partes que actúan y veo el sistema como una unidad. Los números nos han llevado en un proceso de conceptualización creciente. Primero[27] los números naturales, el cero, los números negativos, luego los números decimales o fracciones, los números reales, luego los números imaginarios, en fin, la creación de otros objetos. Las matemáticas nacen de esa abstracción, están basadas en los números. Las matemáticas las podemos ver como un proceso; el procesamiento de números. Las matemáticas permiten que infinidad de trabajos se resuman en una sola cifra, un número. O en el peor de los casos en unas cuantas. Un ejemplo está en la medición de la actividad empresarial. Toda la actividad de una empresa, en un periodo de tiempo, se resume en un número, su utilidad. También, cuando se habla del balance de la compañía o del flujo de fondos. Allí y en otras pocas cifras se resumen todas las actividades de muchos humanos.

Los números son inventados por los humanos en un proceso de abstracción importante. Recordemos, que uno de los puntos más recalcados en la clase de matemáticas: "solo se pueden adicionar cosas que son iguales". Inventar los números requirió que comparáramos inicialmente los objetos y abstrayendo cualidades, los hiciéramos iguales bajo un grupo de características observadas, en otras palabras, modelamos la realidad creando los números. Con el paso del tiempo esto se convierte en algo "obvio". Así ha

---

[27] No es un recuento histórico. Solo quiero mencionar concepciones alrededor de los números.

sido con los números y el proceso siguiente de las matemáticas. La abstracción de características para definir elementos iguales, es difícil, pero una vez identificamos que las peras tienen una forma, un color y un sabor característicos, dijimos que eran iguales y distintas a las naranjas, el asunto se torna obvio. Sumamos peras y aparte naranjas. Pero la concepción inicial no es fácil. Luego los números son un avance informático importante, otro concepto informático básico que está unido a las matemáticas.

También pudimos llegar a los números por otras vías, tratando de entender la realidad o controlarla. Un pastor, juzga que su montón de ovejas fluctúa, el montón de ovejas cambia de tamaño. Ha visto que unas se van, otras son atrapadas por los lobos, ah! más sorprendente, se multiplican, decide entender que pasa. Hace abstracción y cree que en su cueva que le sirve de albergue, trazar una raya por cada oveja puede ser útil para este fin. Esto es, una raya representa una oveja, él, ha pasado todo el proceso de discriminar, comparar y le parece que ahora tiene una necesidad informática. No se va a comer los números, no le sirven para protegerse del frío, físicamente no le sirven para nada. Informacionalmente son un verdadero activo. No sabe que tiene 15 ovejas, tampoco las diferencia tanto o si prefiere es un pastor muy próspero y tal vez tiene 45 ovejas. En fin, el punto es la necesidad informática y la resuelve con trazos que son números. Esto es fácil decirlo, pero este proceso tan simple para nosotros hoy, pudo tomar generaciones, ensayos y errores; diferentes versiones, romana, china etc. Pero al fin se inició un proceso de números y matemáticas, y se sigue desarrollando hoy en día. Cada vez con conceptos más abstractos, pero el mismo proceso informático básico de abstracción.

info@matterinfolife.com

Las matemáticas son un lenguaje cuantificador, no calificador. Cuando decimos 100 no decimos nada. Requiere que definamos los límites y designemos los objetos de referencia. Una vez que definimos los límites tenemos un objeto base, que da significado a ese 100. 100 partículas, 100 grupos de partículas con la misma forma, 100 manzanas. Sé, que en física hay números adimensionales, pero están en un contexto bastante abstracto. Los números requieren calificación, requieren que definamos las unidades. Sin embargo voy a usar las matemáticas adimensionales, permítame crear una ecuación para la vida.

Los elementos en esta ecuación son: la materia, la información y sus acciones. Planear (P), pensar con un fin en mente, uso de la información para construir un modelo con un objetivo establecido. Ejecutar (E), trabajar con un plan, transformar estructuras de la materia siguiendo un modelo. Controlar(C), asegurar que el trabajo siga el plan, medir que las transformaciones se realizan según el modelo establecido. El planear, el ejecutar y el controlar suelen tener componentes según las características del objetivo en mente. La vida es la suma de planear y ejecutar bajo una acción de medir la diferencia entre el plan y la ejecución, coordinación/controlar. Tengamos presente que el controlar se debe dar a cada momento, creando simbiosis planeado-ejecutado. Luego, una fórmula para la vivir sería:

Formula: Vivir = (P+E)/C

Planear y controlar tienen los elementos informáticos, no tienen propiedades preestablecidas, son resultado de la filosofía de vida, usan la información; Ejecutar tiene los elementos concretos, está limitado por las propiedades de la materia, si el plan usó verdad general, la ejecución debe construir lo planeado o sea la nueva forma que toma la materia debe ser lo que se modeló. Solo los seres vivos podemos planear, lo cual distancia la acción de la reacción, que es lo típico en la materia inerte. Controlar es paralelo a planear y ejecutar pues a cada momento nos preguntamos si lo que hacemos está bien y lo corroboramos con la realidad. El control de los seres vivos es permanente, con seguridad no ha notado cuantas veces ha respirado en el último minuto, o cuantas veces ha palpitado su corazón, eso es un control de otra parte de su sistema nervioso mientras usted se ocupa de otros asuntos de su vida, asuntos externos.

Así como en el caso anterior de la fórmula vivir. Las matemáticas son modelos que a medida que son creados son aplicados a la física, a discriminaciones ya hechas. La física nace de información de primer orden, las matemáticas nacen de información de segundo orden. Las matemáticas ayudan a explicar muchos de los fenómenos físicos pero no los califican. El estado sólido no está definido por ningún número matemático, está definido por la sensación de rigidez de una estructura. Técnicamente hay formas de medir esa rigidez. Algunas de esas mediciones se denominan, medición de dureza. Algunas de los nombres del proceso de medición y sus escalas son: Vickers, Brain, Shore, Brickell, etc.

Para los conocedores del algebra vectorial y el concepto físico del trabajo. El producto cruz de fuerza por distancia es igual al trabajo realizado sobre un cuerpo, o lo mismo, la energía que se requiere para moverlo. La función matemática es: $W=FxS$, que representa el concepto físico bastante bien. Pero, según esta definición, usted no realiza ningún trabajo cuando carga una gran maleta en su hombro, por una superficie plana. La verdad es que cuesta bastante esfuerzo realizar ese desplazamiento y es agotador, la mayoría lo consideramos un verdadero trabajo.

info@matterinfolife.com

9. El Tiempo

El tiempo es un objeto puro como el punto Euclidiano o la unidad que da origen a las matemáticas. El tiempo nace con la discriminación de los cambios de las estructuras de la materia y la capacidad de almacenar información. El tiempo nos ayuda a comparar los procesos y dentro de la verdad convencional, nos permite sincronizar acciones entre nosotros.

Hemos hablado de estructuras de la materia y dijimos que el cambio de una estructura a otra tiene una transición. En nuestro modelo, la estructura inicial, es un sistema A y la estructura final es un sistema B. Propongo que el sistema A sean dos puntos verticales, ":". Y el sistema B sean dos puntos horizontales, "..". Entre la estructura A : y la B . . , hay una transición, que llamamos proceso. ¿Cuánto tiempo le demoró pasar de la estructura A, a la B? Digamos le tomo 1 segundo. En la verdad general, los límites están en la materia, los números son la ayuda informática para los seres humanos. Un segundo, en este ejemplo, está comparando una fracción de la rotación de la tierra, con la acción de leer entre los puntos verticales y horizontales.

Tener referencia es un requisito indispensable para crear información. Las referencias son posibles si hay diferencias. Al hablar de perfección vimos que si no hay diferencias, no hay forma de tener referencia. Si todo se mueve simultáneamente, no hay referencia para detectar movimiento. Igualmente, si todo esta blanco, no hay ninguna diferencia en la tonalidad del blanco, no hay referencia para detectar ningún objeto. Si usted no tiene capacidad informacional, no puede tener referencia a nada, no tiene la capacidad de discriminar si la estructura cambió. Por eso, cuando tomamos referencia a los cambios y queremos medir cual es más rápido, necesitamos verdad convencional, nos ponemos de acuerdo en lo que es un segundo y así, con decir 100 metros (ya estamos de acuerdo en metro) en 10 segundos, estamos tomando referencias y las hacemos comunes. Cuando nos queremos comparar con un corredor, 100/10 m/seg, no tenemos que estar con el corredor para decidir que somos más rápidos que él, usamos el concepto de medición y las herramientas creadas para el efecto.

Miremos desde otro punto de vista la discusión del concepto informático tiempo. Digamos que usted ha sido diagnosticado con una enfermedad de la memoria llamada: Tiempitis. Una enfermedad que le permite reconocer lo que ve mientras lo tiene al frente, pero una vez se lo retiran de sus ojos usted no recuerda lo que vió. Llega un amigo con unas fotos. Le muestra la primera foto, usted reconoce lo que ve, le parece muy lindo, un círculo. Luego le muestra la segunda foto, un hexágono. Finalmente le muestra otra foto, un cuadrado.

Al preguntarle por el círculo, usted no sabe, bueno que tal el hexágono, usted no sabe, solo reconoce el cuadrado que tiene al frente. Solo puede hablar del cuadrado, es lo que está viendo. Repitiendo el procedimiento, debido al interés de entender sus condiciones, sucede lo mismo. Solo recuerda el cuadrado que tiene al frente. No dándome por vencido, decido alterar el orden, empiezo en el cuadrado y termino en el círculo. Esta vez, usted solo recuerda el círculo. ¿Qué pasa? Usted discrimina lo que tiene al frente. Usted solo discrimina la foto que tiene al frente de sus ojos, Usted está en presente[28]. Al no tener memoria, no existe la noción de pasado. Los seres humanos creamos la noción de tiempo.

---

[28] Técnicamente, hasta para identificar lo que tiene ante sus ojos usted necesita información. Viaja al "pasado" donde tiene información del nombre de la figura, etc. la trae y dice el nombre.

info@matterinfolife.com

Todas las acciones del universo se realizan en el presente. Existe simultaneidad de las acciones, ninguna pasa en el pasado, ni el universo planea el futuro. El desequilibrio permanente, creado por las acciones entre la materia y limitado por las propiedades de éstas, se extiende en presente. Cuando los seres perciben las acciones, lo hacen en presente. Claro, la discriminación de esas percepciones las recibe el cerebro después de que han pasado, por asunto no solo de geografía, sino por la simbiosis del proceso material e informático.

Miremos como la geografía afecta la recepción de eventos. Un conjunto de eventos es diferente para cada ser vivo por la geografía o sea por el sitio donde el ser vivo está percibiendo los eventos. Un ejemplo que da idea de esto, es cuando recibimos la luz del sol, ésta, ha estado viajando un poco más de ocho minutos. Cuando recibimos la luz de una estrella, ésta, ha estado viajando por años. Si recibimos ambas en un momento especifico, ese es el momento del evento de recibir la luz de ambos astros, la percepción de los eventos se hace en presente. Sin embargo las acciones que dieron origen a la luz, unos ocho minutos antes, otros unos años antes, no están en el presente. Percibir la luz es un hecho, sucede en presente, luego se da la discriminación, que como evento en los conos o bastones toma un tiempo para procesar, para luego llegar al cerebro y que la mente tome conciencia de él. El presente es particular a cada uno, es ese momento en que tomamos consciencia de un evento. Sin la consciencia no existe ningún concepto informático.

Miremos otro caso. Usted percibe y discrimina una estructura, digamos un paisaje donde hay un pájaro, obviamente almacena el pájaro, resalta en ese paisaje. En nuestro modelo, el capítulo un modelo, dijimos que hay dinámica cuando una de las partes de la estructura cambia de posición; el pájaro vuela. Usted nuevamente percibe y discrimina, pero esta vez compara con lo almacenado y detecta el pájaro en otra posición, detecta cambio en la estructura. Después al juzgar concluye que el pájaro voló. Luego, usted discrimino usando su capacidad informacional y detectó el cambio de posición, con ayuda de su proceso informático, comparar. Este proceso lo podemos considerar como información de primer orden. Usted le está haciendo seguimiento en presente y comparando con lo almacenado en presente.

Cuando miramos la idea de coordinación desde el punto de vista informático, ésta no sería posible sin la ayuda del concepto de tiempo. Nosotros, los humanos tenemos una percepción variable del concepto tiempo. Esto es, podemos pasar horas en actividades que nos gustan sin pensar cambiarlas, en estos casos, parece que el tiempo no pasara. Mientras que cuando una actividad no nos gusta, como digamos esperar a alguien sin la oportunidad de distraernos en algo, cualquier minuto nos parece eterno. Es muy curioso por ejemplo, que cuando utilizamos un computador, que nos aumenta tanto la productividad o sea que nos permite ahorrar tanto trabajo, nos desesperemos cuando se demora un poco más. De aquí podemos empezar a pensar sobre la subjetividad del tiempo.

Volviendo a la idea de coordinación, ¿Cómo pudiéramos coordinar las actividades, sin algo como la idea de tiempo? Claro, pudiéramos decir que eventos como la caída del sol o la salida del sol nos ayudarían pero ¿Como coordinar a través de rotaciones de la tierra o translaciones de la misma? Los calendarios han sido una forma bastante ingeniosa de asociar ciclos a la creación de la idea del tiempo y hay calendarios que datan de épocas milenarias. En los inicios de la historia de la humanidad, se trabajó con la proyección del sol, se construyeron edificaciones que en ciertas épocas del año permitían crear una señal, los rayos del sol pasando por un orificio, llegaban a un punto demarcado, era la indicación del inicio de la estación de siembra. Luego, con más elaboración, con la ayuda de la concepción o invención de los números, se empezó a usar el calendario y hacer uso del reloj de sol. Y posteriormente, con otros desarrollos tecnológicos, no hace mucho, el reloj mecánico tuvo su desarrollo y el tiempo se consolidó como una propiedad de la naturaleza, aun en los libros de física actuales es mostrado como parte de la verdad general.

Cuando usted recuerda no va al pasado, usa su capacidad informacional. Usted no puede regresar físicamente a ese momento en que se cayó; solo recordarlo. Miremos del otro lado, el lado del futuro, usted piensa en algo, cree que lo debe hacer, hace su plan y al otro día o si lo prefiere, después de que sale el sol, usted lleva a cabo sus planes. Usted no viajó al futuro, cuando hizo sus planes. Usó su capacidad informacional en todo su esplendor, planeó; creó algo que quería hacer, se preparó y cuando llegó el momento, transformó materia usando la información de lo planeado. Lo hizo; la ejecución fue un evento a la vez, evento por evento, todos ellos en el presente y al final lo completó; termina un proyecto, en el presente. Usted ha realizado todas sus actividades en el presente, no saltó hasta el día siguiente, durmió, pero no viajó al futuro, todas nuestras actividades se realizan en el presente, observe que hablamos del tiempo como una medida, es una forma de comparar el movimiento.

Piense, viajar por el tiempo no existe. Solo existe caminar, viajar por la tierra, por el agua, o por el aire, cambio de posición relativa, y si podemos solucionar un par de problemitas materiales y otros informáticos, viajar al espacio, o por el espacio y muy adentro en el espacio, será toda una realidad o mejor será verdad convencional.

Pensemos en la teoría de la relatividad. Recordemos un ejemplo que menciona dos tiempos distintos el uno del otro. Es posible que el tiempo "corra" a dos velocidades o es que el tiempo depende de la referencia. El ejemplo al que me refiero es el de que si usted aborda una nave y sale por el espacio a la velocidad de la luz, en un viaje que según usted es un año luz, cuando regrese a la tierra, según un observador en ella, habrán pasado 100 años. En otras palabras, cada observador tiene su "propio" tiempo y para el que viajó a la velocidad de la luz, transcurrió un año, pero para el que estaba en la tierra transcurrieron 100 años. Esto también se puede ver al contrario, esto es, usted quiere ahorrarse un tiempo y viaja 365/100 días por el espacio, o sea 3.65 días, a la velocidad de la luz en esa nave y aquí en la tierra ha pasado un año. Siendo esto ejemplo en el mundo de las ideas, pues por ahora no tenemos la tecnología para probarlo viajando a la velocidad de la luz, tomemos una cámara gigante, y súper rápida que tome fotos inclusive a naves que van a la velocidad de la luz. Esta cámara gigante no pierde de vista la nave espacial.

Cuando la nave parte se toma la primera foto y así sucesivamente cada 3.65 días del calendario terrícola. Esto nos da 100 fotos. Como la cámara es tan especial, ¿donde está la nave en cada foto? En cada una de ellas, el tiempo que ha transcurrido, es el mismo en las dos partes. ¿Por qué se ha de desacelerar el metabolismo del individuo que va en la nave? Lo que estoy diciendo es que no hay diferencia de tiempo; al fin y al cabo es una idea. Que alcanzar estas velocidades tenga inconvenientes técnicos o que las fuerzas para mantenerla sean enormes, no lo dudo, hay problemas técnicos. Pero que se altere una idea o concepto, ¡no! la información de segundo orden, el modelo del tiempo, no existe en la realidad. El tiempo es un concepto informático solo alterado por el individuo, su idea del tiempo no cambia la verdad general. Si podemos viajar a la velocidad de la luz, no nos hace más jóvenes. Si comparamos con la noción de triangulo, éste no cambiará mientras se mantenga la idea de tres lados, tres ángulos. En último término, el tiempo es una creación humana y no se puede alterar la noción de simultaneidad, que representa el presente. El cambio de posición de cualquier partícula elemental, puede dar la noción informática de tiempo.

¿Existe la eternidad? Este es un concepto que se deriva de preguntarnos si algo puede estar ahí por tiempos indefinidos. Si el tiempo es un asunto informático no tiene sentido tomarlo como referencia a la materia. Mi punto es, creamos el pasado con la memoria, creamos el futuro pensando en lo que pasará, ambos asunto informático, luego extendemos la noción del tiempo y hablamos de eternidad; solo existe el presente. Nos falta conocer más de la materia, estamos a una escala muy grande tomando como referencia el átomo. Ahora si tomamos como referencia las partículas elementales la escala se aumenta. No somos conscientes de nuestra estructura y por ende el tiempo, como creación informática, nos sirve de referencia para crear la otra noción informática de eternidad. La materia no se envejece, la materia no se deteriora, la materia se transforma cuando las partículas elementales cambian de posición, esto hace posible la creación de información, nivel tras nivel, cada nivel de la estructura de la vida con su referencia de movimiento, pero finalmente eso es lo que existe, cambio de posición y con él, los humanos creamos la noción de tiempo.

www.matterinfolife.com

La idea de futuro toma connotaciones personales muy interesantes, puede decirme ¿cuándo es que empieza el futuro para usted? Es el futuro algo que está a un segundo, un minuto, una hora, un día, una semana, un mes, un año, un lustro, o tal vez, en una millonésima de segundo adelante. Recuerde que un segundo es una fracción del movimiento de rotación de la tierra que puede medirse referido al sol o las estrellas, tenemos la idea de tiempo de muchas maneras, todas referenciadas a posiciones relativas a eventos, que en conjunto forman una transición. Un segundo = 1/86400 de revolución de la tierra. Un segundo = 1/31 556 925.975 de la duración del año tropical 1900. (Alonso & Finn, 1970)

Resumiendo, el modelo tiempo, requiere referencia a algo. Es como cualquier objeto que creamos en nuestra mente. Para crear esta noción, usamos la memoria, la más mínima retención de información puede ayudar a la creación de la noción del tiempo.

10. La Trampa Informática.

Veo dos trampas informáticas, en las cuales podemos caer. Una es cuando pensamos que nuestra verdad particular es la única verdad que existe, que nuestra filosofía es la única que vale, que los otros son herejes y su verdad es errada; egocentrismo. La otra trampa informática se da cuando pensamos que no existe la materia, cuando pensamos que somos etéreos o que podemos vivir sin apoyo de la materia; que podemos vivir en el mundo de la información; ilusionismo.

En el primer caso, egocentrismo, se encarna el autoritario. Las bacterias representan esa idea, son independientes. Al nivel humano, la trampa informática empieza en la niñez. Cuando nuestros padres, tíos u otras personas empiezan a inculcarnos ideas que no aceptamos, pero que nos vemos obligados a aceptar. Estoy hablando de abusos, no de una relación sana. En la relación sana, los mayores nos respetan y nos exigen respeto, nos enseñan a ser responsables, nos insisten en tener disciplina con nuestras metas, nos muestran las bondades del trabajo en equipo, nos nutren con amor y apoyo. En las relaciones abusivas no hay respeto, los niños se tornan en los trabajadores de los padres, y algunas veces se tornan, en casos de abusos extremos, en parejas sexuales con o sin secuestro, pero como esclavos, y todo esto en pleno siglo XXI. Cuando estos niños abusados crecen, tienen una imagen distorsionada de las relaciones de pareja, del respeto, del amor. Se ha visto que muchos de los asesinos en serie han tenido niñeces de espanto, abusados por uno o por los dos padres. Los niños son el futuro, hay que educarlos para salir de la trampa informática y tener una cultura inteligente. Eso no solo corresponde al estado, también a los ciudadanos.

En el segundo caso, ilusionismo, encarna ideas de control externo. Hay personas que creen que la materia no existe. Que todo lo que vemos es imaginación. En otras palabras que somos seres imaginarios, viviendo vidas imaginarias, que nuestro sufrimiento es imaginario. De otra manera, lo que pienso es lo que vale. Otros, aceptando la materia, dicen que las partículas que forman la materia son tan pequeñas que no vale considerarlas como materia real. Y saltan a ideas donde solo la imaginación tiene cabida, pensando que somos la creación de la imaginación de otros seres, o de la información misma.

Alguien me decía en estos términos de la imaginación. Una persona piensa que todo lo que existe es imaginación, y todo pasa de acuerdo a su imaginación. Yo puedo imaginarme ir a la calle y arrojarme a un carro y me imagino que muero, entonces he muerto y eso es, la imaginación lo es todo, el poder de la imaginación es ilimitado. Después de reflexionar por un momento, le pregunté: ¿Si todo es imaginación, usted puede quedarse sentado, donde yo lo vea, imaginarse que se le tira al carro y ser atropellado por el carro mientras yo lo veo sentado frente a mi? Un poco difícil, pero si lo hace, entonces me convencerá de lo que dice. También puede validarse la idea de otra manera. Piense que Ud. no necesita comer o tomar alimentos de ninguna clase y como Ud. es el producto de la imaginación, se podrá mantener en las mismas condiciones de salud y peso, pues así lo piensa. Si empieza a practicar con su imaginación de esa manera y deja de comer ¿Cuantos días podrá seguir imaginando eso?

Una prueba, simple pero efectiva para entender la trampa informática, es poner su dedo índice en la boca, morderlo, morderlo y así hasta que le duela. Si no le duele, puede hacerlo hasta que por lo menos le salga sangre. Si le sale sangre y no le duele, todavía podría imaginar que no le pasa nada, a pesar de la salida de sangre en su extremidad. Hay personas con problemas en el sistema nervioso aferente que no perciben el dolor y tienen, por esta razón, problemas con los golpes u otro tipo de accidentes al no discriminar esos eventos.

No sé si le he podido ayudar con la trampa informática. Lo cierto es que el proceso de manejo de la información no es fácil, mis intenciones a pesar de que son buenas, no garantizan que usted, si está en más o menor grado en la trampa informática, pueda salir de ella. Pues el egocentrismo extremo, o el pensar en que solo somos imaginación o energía, es un asunto informático. La trampa informática se extiende a muchas áreas de la vida. Debemos entender que la sinergia es un camino claro, no fácil, para un mundo mejor y que es tan importante la materia como la información para vivir bien.

Con esto terminamos lo referente al concepto de información. Este enfoque donde la información es algo, único e individual, producido por un proceso interno al ser que llamamos vivo, es nuevo (Arango, 2010). Todavía falta mucho camino para que empecemos a manejarlo adecuadamente. Lo más importante a tener presente es que, este punto de vista debería ayudarnos a estar más alertas con los sofistas y valorar nuestros propios pensamientos como la fuente de nuestra referencia y equilibrar en nuestra vida la materia y la información, fundamental para una filosofía de vida sana.

Tercera Parte:

La Vida, Materia Con Capacidad Informacional.

"Vivir significa transformar las cosas muertas e inútiles en cosas vivas y útiles." Giovanni Papini.

Desde el punto de vista clásico, la vida es una "Propiedad de los seres orgánicos por la cual crecen, se reproducen y responden a estímulos" (Larousse, 2007). Desde el punto de vista filosófico, la vida "es fuerza o actividad interna sustancial, mediante la que obra el ser que la posee" (Lengua, 2009). Para este libro, la vida es un todo o sistema, que resulta de una estructura material especifica, con la cual emerge la capacidad informacional, o sea, un sistema material que adquiere la capacidad de discriminar las percepciones que recibe del ambiente. La capacidad informacional emerge (de la materia) de una manera muy básica, imperceptible a nuestro nivel. Luego, es recreada repetidas veces en los diferentes niveles de seres vivos, hasta alcanzar los seres multicelulares o grupos de ellos. A cierto nivel, la información permite direccionar el movimiento de la materia, que a su vez, permite apoyar el proceso de la vida. El proceso de vivir requiere tanto materia como información.

Para entender un poco más el proceso de la vida, miremos el proceso del fuego. El fuego, ha sido referencia a la vida para muchas culturas a través de la historia. El fuego se caracteriza bajo dos conceptos o componentes, el combustible y el carburante. Estando ahí, uno al lado del otro o mezclados, el combustible y el carburante, no harán nada hasta que exista una condición exterior, o un catalizador que inicie el fuego. Como ejemplo, tomemos una vela, la vela estará ahí hasta que otra llama la encienda, en ese momento, el proceso del fuego empieza para esa vela. La vela, la llama, empieza a dar luz. La parafina es el combustible, el oxigeno del aire es el carburante, el catalizador fue el mismo fuego, que subió la temperatura de la parafina que estaba en el pabilo[29] y dio arranque al proceso del fuego en la vela y nació otro fuego. En este caso, fuego creando fuego. Otro ejemplo, es el que se da en los bosques, hay ciertas condiciones de sequedad en el aire, hay ramas secas y hojas secas y cae un rayo, con éste se inicia el proceso del fuego. Nuevamente, las ramas y las hojas son el combustible y el oxigeno es el carburante. El fuego, se da por efecto de desequilibrio. El fuego representa cambios a la estructura de la materia y en estos cambios de estado, se libera energía como una acción perturbadora de otras estructuras.

La energía liberada, tiene varias características, que hasta ahora no conocemos claramente, pues la luz tiene diferentes propiedades,

---

[29] El pabilo es un inserto a la parafina de una vela. Si usted lo observa detalladamente, el pabilo sirve de enlace en el proceso de combustión llevando la parafina que se derrite hasta el fuego ya iniciado para que se queme. En un efecto auto-controlante, regulador, el pabilo determina la cantidad de parafina que llegará al fuego.

www.matterinfolife.com

unas se explican con el concepto de ondas y otras se explican con el concepto de partículas. En otras palabras, no sabemos si la luz se debe a partículas, o se debe a ondas, aunque sí vemos los resultados. En términos de nuestro modelo, conocemos el sistema en su forma inicial, la vela o el bosque, percibimos la transición, o sea el proceso, y luego identificamos el sistema en su forma final, gases para la vela, o cenizas para el bosque. Los análisis de los sistemas iniciales y finales, o sea, las estructuras de la materia que interviene antes del proceso y después de este, son conocidas hasta el nivel atómico, pero el proceso mismo que se da en el fuego a nivel atómico, no lo conocemos. Lo mismo sucede con el proceso de la vida. Está muy clara la composición química del cuerpo humano, entendemos las acciones con su ambiente generando cambio sobre él, pero la mayoría de sus procesos son un misterio, particularmente el informático; ¿Por qué o cómo es posible el fenómeno de la vida? Como el fuego, la vida se inicia desde la vida, en un proceso que tenemos claro requiere información. También, este proceso de la vida tiene un inicio, muy posiblemente más complejo que el del fuego, pero es un inicio natural, no sobrenatural, es un inicio, debido a las innumerables acciones de la materia, en las condiciones adecuadas para darse vida; un inicio que no entendemos, pero ahí está el proceso. Es tal el desconocimiento del proceso de la vida, que hablamos del origen de la vida, remontándose a miles de millones de años, cuando seguramente hoy, con la cantidad de seres vivos que existen, deben estar surgiendo formas elementales de vida.

Luego, la vida es un proceso tan misterioso como el fuego, que le permite a un grupo de partículas, en una estructura dinámica, altamente improbable, (Bertalanffy, 1976), realizar varios procesos, siendo el esencial, la creación y manejo de información. Pensemos en los elementos del ser vivo, la materia y la información. El desequilibrio material, no significa nada para la materia inerte, sin embargo, es esencial para la creación de significado, ya mencionado en el concepto de perfección, equilibrio y otros conceptos informáticos más. En su nivel más básico, el desequilibrio de las partículas elementales, solo es un cambio de posición, que representa un hecho, pero ¿Cómo empieza a ser discriminado en la estructura de la materia viva? Importantes detalles técnicos, todavía por resolver. Para que usted o yo percibamos un hecho y lo discriminemos, este hecho debe involucrar un número de partículas suficiente, esto es, el número de partículas que se han desequilibrado, debe ser relevante, o no habrá suficiente energía para la percepción de cambios, ni para usted, ni para mí. En otras palabras, si el hecho no es significativo a nuestro nivel estructural, llamémoslo a nuestro nivel normal, no lo percibiremos y por ende, no lo discriminaremos, no se genera proceso informático en nosotros. El ser vivo mantiene referencia a los hechos, con cambios de estructura, por la capacidad de almacenar información. Pero al mismo tiempo, el ser vivo, usa la materia para guardar información, como en el código genético. Un ejemplo, es que el cambio de posición de un átomo, es imperceptible para nosotros. Pero el movimiento de un átomo, hace una molécula diferente a otra, y si ésta lleva un mensaje dentro del organismo, el mensaje será distinto con el solo cambio de ese átomo. Sin embargo, no se percibe directamente el cambio del átomo, solo el cambio de significado para el organismo. Esto nos dice que la vida es un proceso con ciclos materia-información-materia o ciclos materia-materia, para apoyo a su estructura informática[30]. Este proceso está creado por ciclos en cada nivel de

---

[30] Aquí se da un lapso entre la conceptualización, que es abstracción
www.matterinfolife.com

la estructura, en un nivel inicial, un grupo de células procarióticas produce una comunicación entre ellas, y luego según la magnitud de este, será transmitido por células eucarióticas, así sucesivamente, aumenta el refinamiento informático, hasta ser interpretado por el cerebro. De otra manera, el aumento de capacidad informacional, está dado por un proceso, que refina el hecho percibido a través del organismo, creando "mejor" información; otros lo ven como el ouroboros, un proceso absorbiéndose a sí mismo, ver Figura 7. Dragón Contra Dragón, donde no es claro en qué momento se dan los límites entre materia e información, o entre un ser vivo y otro, haciendo difícil definir que es un ser vivo.

---

informática y la comprobación de lo que se expone, que requiere el uso de herramientas y el método científico para su comprobación. Incluyo el ciclo materia-materia, asumiendo que como en el caso de los huesos que no son vivos, hay a través de todos los niveles del ser vivo, estructuras vivas y estructuras de apoyo que no son vivas.
info@matterinfolife.com

Figura 7. Dragón Contra Dragón.

Resumamos hasta aquí: Partículas, creando límites.

La materia existe y la información define límites. Los seres vivos, que son parte del grupo de partículas que existen, tienen capacidad informacional. La vida viene desde abajo, no desde arriba. La información es creada por la estructura material de los seres vivos, en última instancia los límites están siendo "creados" por la discriminación que hace cada ser vivo, no a la inversa. Sin información solo existirían partículas en movimiento, no se definirían límites que definen objetos. Ningún ser vivo puede crearle límites desde afuera para otro, sería como ver por el ciego o como oír por el sordo, pensar es una actividad individual. Mirémoslo así: existen partículas, un grupo de ellas tiene la

www.matterinfolife.com

propiedad de asignar límites y en la asignación de límites se crea información, esa capacidad de asignar límites es la capacidad informacional. Si no se pueden asignar límites no se puede crear información, no hay referencia para definir los objetos. Una vez creados los limites, estos definen los objetos y con ellos se crean estructuras, o sea sistemas. Los sistemas son creaciones informáticas, modelos de la realidad. Al comparar el sistema memorizado con el sistema a mano, si se identifican diferencias, se está dando paso a la idea de los procesos. Estamos diciendo, "este sistema cambió", lo que tengo memorizado, no es lo mismo que estoy viendo. Hubo cambio, estoy discriminando un proceso.

Tomemos como referencia, para el sistema-proceso de la vida, un ser humano.

Apoyándonos en nuestro modelo sistema - proceso:

Bajo el punto de vista de sistema:

1. Un ser humano es un sistema.
2. Un ser humano es una parte del sistema humanidad (meta sistema).
3. Un ser humano está compuesto de partes (subsistemas).

Bajo el punto de vista de proceso:

1. Un ser humano realiza procesos materiales.
2. Un ser humano realiza procesos informáticos.
3. Un ser humano realiza un proceso combinado de procesos materiales y procesos informáticos llamado vida.

info@matterinfolife.com

También podemos mirar las estructuras de las partes del ser humano, desde un punto de vista "clásico", como partes agrupándose:

1. Células procarióticas.
2. Células eucarióticas.
3. Ser humano.

La estructura estelar del ser humano, descomponiendo desde el todo, la humanidad:

1. La humanidad.
2. Razas de seres humanos.
3. Ser humano.

La estructura de la materia viva del ser humano, como sistema partes que interactúan:

1. Sistemas de células (que forman un órgano).
2. Sistemas de órganos.
3. Ser humano.

Recuerde, uso mis puntos de vista, pero si usted usa los suyos en el proceso informático, encuentra que hay estructuras, algo está contenido en algo o está al lado de algo.

Mirando el punto de vista de liderazgo, podemos hablar que los humanos, estamos estructurados así:

1. Líderes.
2. Seguidores.
3. Espectadores.

Aquí estamos usando un concepto de movimiento, cual es la característica de una parte según la dinámica que realiza. Si un ser humano es seguido por otros (mi criterio) es un líder. El que sigue es un seguidor y el que no sigue, ni es seguido, lo llamamos espectador. Esto es usando reglas lógicas, ser o no ser. Ahora, usted puede ser un espectador socialmente, pero puede ser el mejor líder para sí mismo, usa su buen criterio y no tiene que seguir a otros, usted es independiente y juzga cada caso a la vez. Desde diferentes puntos de vista, usted puede ser líder, seguidor o espectador. Cuando lo invitan a formar parte de un grupo y usted decide hacer parte de él, usted fue seguidor. También usted puede formar su propio grupo y en ese caso, desde el punto de vista por el que creó el grupo, usted es un líder. Hay puntos de vista que no le interesan, tal vez la política, lo invitan a formar parte de un grupo político y usted dice que no le gusta la política. Usted no entiende que es el equipo más importante, el que define las reglas, usted no participa, es un espectador.

Objetivo:

Hemos hablado de estructuras, cambio en las estructuras, puntos de vista desde arriba, desde abajo, etc. pero no hemos hablado de dirección y sentido; objetivo. Un objetivo, es una decisión sobre la dirección y el sentido hacia dónde debe moverse el ser vivo. Un objetivo es un asunto informático solo definido por los seres vivos.

El objetivo de la estructura de la materia viva, es vivir. La compleja estructura de la materia viva, busca mantener un equilibrio dinámico entre sus partes y para eso, usa la información; para discriminar que es útil y que no es útil. Por útil, me refiero a los elementos materiales que se requieren para vivir, que aportan la energía para mantener el proceso; me refiero al alimento. El alimento, que incluye el agua, todavía requiere oxígeno para soportar el proceso de vivir. Estoy tratando de decir, que si no hay información, no se puede identificar si algo material, es útil o no, para mantener el proceso de vivir.

Pero el ser vivo está en un ambiente donde hay cambios, que no están en sus manos, primavera, verano, otoño, invierno, unos representan abundancia y otros representan escases. El proceso de vivir, debe seguir en estos ciclos, y lo que nos parece útil en un ciclo, puede parecer inútil en otro. Un ejemplo es: su organismo guarda grasa. No es útil (necesaria) en un momento de abundancia, pero es invaluable en un momento de escases. Guardar la grasa, le cuesta trabajo al organismo por asunto de transportarla a todas partes, pero en algún momento la usa como reserva alimenticia, en el ciclo de escases. Ahí nace la toma de decisiones sobre cómo manejar los recursos.

Ya dijimos, el ser humano, es estructuras de seres vivos que tienen propiedades emergentes en cada nivel. Es difícil viajar a través de los niveles de la estructura y a través de la estructura en cada nivel. Cada ser vivo se establece como caja negra (Ashby, 1957). Todo ser vivo realiza acciones que tienen que ver con mantener la estructura, usualmente nos referimos a esta actividad como el funcionamiento, un proceso para mantener el estado de la estructura[31]. El ser vivo se desplaza, según sus posibilidades, en busca de alimento, allí hay funcionamiento y objetivo; las otras estructuras de la materia, funcionan pero no tienen objetivo.

---

[31] Debe haber notado que uso estructura y sistema de una manera intercambiable, lo anoto para confirmar, puedo usar cuerpo, materia, etc., en cualquier caso es un conjunto de partículas elementales.

www.matterinfolife.com

Luego, vivir, es el objetivo principal de la vida. Ese objetivo, está enmarcado por desequilibrios, tanto externos, como internos y tanto materiales, como informáticos. Por asunto de la estructura de los animales, la mente es el subsistema informático del sistema animal. En los seres humanos, el desarrollo de la mente, ha dado paso a la creación de la consciencia de nuestra existencia. La mente es el único elemento que está en nuestras manos controlar. Algunos se refieren a él como la actitud, la dirección y sentido especifico que le damos a vivir. El buen equilibrio informático, se transmite sobre los procesos materiales creando un ciclo, donde el buen uso de la información, permite alcanzar buenos resultados materiales, que a su vez, apoyan nuestra información, autoestima.

Control:

Los seres vivos, para mantener el equilibrio dinámico en los procesos de la vida, usamos información, ahí encontramos el concepto clásico de control. El control, busca llevar un proceso en una dirección específica, el fijado por el objetivo. El proceso del fuego, está dado solo por las características materiales, no hay información direccionando el proceso. Si no hay combustible o carburante, no importan la temperatura, ni los truenos, no habrá combustión. En el ser vivo, el proceso material requiere energía dentro de unos límites aceptables, estos límites no son fijados por el ser vivo, estos límites materiales, son fijados por la materia. En otras palabras, demasiada energía en un evento, puede destruir la estructura material del ser vivo, sin que el ser vivo, tenga control alguno sobre ese evento. La capacidad informacional, permite encontrar esos límites materiales, donde el proceso de la vida toma cabida. Con la capacidad informacional, el ser vivo define objetivos, que le permiten extender los dominios del proceso de la vida y buscar más allá de su ambiente próximo, a distancias imposibles para otros procesos materiales; pero más importante aún, es utilizar la misma capacidad informacional, usada en la búsqueda de energía, en trazar objetivos comunes a otros seres vivos y formar grupos de seres vivos, con objetivos comunes. Esto es formar, un nuevo todo más grande, un nuevo ser vivo, formado por seres vivos.

Así, podemos decir, que el control de la materia viva, va más allá del funcionar que tiene la materia por sus características elementales y por las características materiales de la estructura. Ejemplo: Crear replicaciones de su estructura, en una dinámica exclusiva y repetitiva. Así, la materia viva, usa el control en funciones de crecer, reproducir, auto-controlar, (homeostasis), alimentar, (seleccionar otras estructuras de la materia como energía), huir, (responder a cambios en su ambiente). La materia viva, usa el control, para mantener un desequilibrio material bastante improbable para otras estructuras de la materia. Con esto, estas estructuras de la materia viva, están creando un proceso que no se ve en ninguna de las otras estructuras; un proceso en desequilibrio, pero bajo control. El control, en la estructura viva, está dado por el conjunto, materia-información, se sale de la simple acción-reacción material.

El control en el ser vivo, también se extiende a su exteracción con al ambiente. Ante una acción perturbadora,[32] puede haber múltiples reacciones, cuando se usa la información, controlando el espacio entre la acción y la reacción. El piloto, trata de evitar condiciones meteorológicas que destruyan al avión. Un ejemplo

---

[32] Llamo acción perturbadora, a un acto físico que no destruye la integridad del grupo de partículas. Habría acción destructora, una que fragmenta el grupo de partículas y no le permite actuar con sus funciones naturales.

obvio ayudará; tenemos un gato y un diamante y les hacemos una prueba de caída libre. El gato con sus habilidades y control, usualmente se las arreglará para caer con sus patas sobre la tierra y amortiguar la caída con sus patas, independiente de la forma en que lo tengamos al soltarlo[33]. El diamante, caerá según la posición en que lo tengamos antes de soltarlo, no hará ningún esfuerzo para alterar la acción de soltarlo, no habrá reacción al caer y simplemente se estrellará según sus características. Luego, el control es necesario, para mantener el proceso de la vida, material e informático, en la dirección de vivir.

Alinear la vida:
Al mirar integralmente los factores de objetivo y control, asunto informático, vemos el objetivo de vivir y el control para mantener la vida. Pudiéramos decir, que nuestro principal objetivo de vida es vivir y todas las acciones, deberían buscar mantenerlo, un control sobre este objetivo. Entonces, el control, debe ayudar, a que cualquier punto de vista usado, material o informáticamente, deba estar encaminado a preservar la vida. Llamemos este concepto, o idea de control: Alinear la vida.

Regresemos al concepto Meta-sistema, sistema, sub-sistema, como lo vimos en las estructuras de la materia. Los seres humanos somos sistemas del meta-sistema humanidad. Las células eucarióticas son independientes e interdependientes, éstas, toman el carácter de sistema, sin perder el carácter individual. Adicionando el concepto informático de alinear la vida, ya tendríamos dos puntos de vista adicionales al material y al

---

[33] Pensando en la capacidad informática de algunos lectores, no quiero que se imagine el gato con sus patas amarradas o en condiciones que no le permitan actuar libre y normalmente.

info@matterinfolife.com

informático. Debemos dar equilibrio entre partes y todo. El objetivo de vivir estaría incorporando: Materia, Información, Todo y Partes. El todo, humanidad en este caso, debe incorporar cada una de las partes, tanto en los procesos informáticos, como materiales, para llegar al objetivo de alinear la vida de la humanidad.

Es importante anotar, que tenemos una propensión a mirar el mundo de una sola manera: concreta o abstracta. De una forma mecánica, percibiendo estructuras y describiendo el movimiento. Pero la causa última de que la materia "exista", es, que existimos nosotros, dándole significado. Y le damos el significado dentro de los límites naturales de la materia y cuando no le podemos dar un significado, digamos coherente, hablamos de algo más allá de la materia; algo sobrenatural. La información no es algo sobrenatural, surge del perpetuo accionar de la materia, que tiene masa y carga, y al agruparse en tantas y tantas formas, adquiere características emergentes, que dejan atrás las características de sus partes, creando un nuevo todo. Hasta hoy, uno de los todos más maravillosos entre los seres vivos, es el ser humano, con la capacidad de poder darle significado a lo que hacemos. Un asunto es hacer un trabajo, otra darle significado. Colocar ladrillos puede ser un trabajo arduo y sin sentido, o puede ser la realización de un sueño, si entendemos el objetivo perseguido con la acción, crear un refugio (casa, castillo, catedral). Estamos buscando la verdad donde no está, estamos buscando la verdad más allá de la verdad general, que está dada por la materia, tenemos que entender, que la naturaleza que vemos, somos nosotros, materia viva, que tenemos capacidad para juzgar bajo nuestro criterio. Ese criterio, puede estar buscando justicia, o ese criterio, puede estar buscando legalidad; el esfuerzo debe estar en preservar el sistema: justicia, no en preservar la dirección definida en la palabra escrita: legalidad. Ambos son paradigmas que creamos, ambos validos, desde puntos de vista específicos, pero que al trabajar con ellos, crean diferentes culturas. Unas, quieren preservar el status quo, sin importar las diferencias y otras culturas, quieren hacernos iguales, sin importar la decisión del individuo.

Para aquellos que manejan la noción de vectores y los que quieren aprender, miremos el modelo bajo el concepto de vectores. Un vector es un objeto. La idea de vector, ha dado paso a una nueva interpretación de la física y facilita la comunicación entre los científicos. Ya mencionamos que el punto euclidiano es un objeto. El vector, define la dirección y el sentido en que el punto interacciona en el sistema en referencia. Esa interacción no significa movimiento. Un vector, señala hacia dónde está direccionada la acción del punto, desplácese éste o no. Cuando se desplaza, habla de la inercia, cuando no se desplaza, habla de la fuerza. Todo esto es abstracto, un modelo. Paralelamente a esta abstracción de vectores, y con las debidas proporciones, esto es lo que sucede con nuestra verdad particular y la creación de información. Juzgamos un hecho desde un punto de vista y obtenemos un resultado. Lo juzgamos desde otro punto de vista y tenemos otro resultado. Ahora, cuando juntamos los vectores, o sea que juzgamos un hecho desde varios puntos de vista para emitir un juicio, creamos una interpretación al hecho. Si vamos al álgebra lineal, esto sería como que, cada punto de vista crea un eje y la función de optimización, define el objetivo general, el resultado del proceso es la interpretación. Hacemos un juicio en una dirección general y el sentido puede ser maximizar o minimizar. Algo similar puede ser la interpretación usando el cálculo vectorial, la dirección general que tomará la masa en cuestión.

Esta comparación, crea otra etapa en el modelo sistema-proceso, un punto de vista más informático por las abstracciones, pero más práctico que el presentado anteriormente al usar el álgebra lineal, pues permite analizar bajo un conjunto de reglas con un objetivo. Esto requiere la aplicación del primer modelo, sistema-proceso, y las reglas que se usan en el álgebra lineal. Ir mas adelante, o sea abstraer más, incluyendo más reglas lógicas, nos separa de la realidad probabilística de las partículas, nos lleva más a la abstracción, a crear limites informáticos que no existen en la realidad. Al hacer estos procesos lógicos, nos alejamos de entender, que una sola partícula elemental, en el lugar adecuado, en el momento adecuado, puede cambiar la estructura de un conjunto de partículas; efecto mariposa[34].

Paradigmas De La Materia, La Información Y La Estructura.

Un paradigma equivale a un punto de vista informático. En el sistema, todas las partes que lo constituyen son partes del sistema, no podemos hablar de un sistema y cuando vamos a enfatizar una de sus funciones, decir que esa es la más importante. Usted no es usted sin su corazón. Usted no es usted sin su cerebro. Usted no es usted sin uno de sus brazos, es otro sistema, un manco. Etc. Importa lo que pensamos y lo que hacemos. Los paradigmas, nos muestran puntos de vista que no existen en la materia, están en nuestra verdad particular. Un paradigma es un filtro conceptual, al pensar, se convierte en una forma de procesar las ideas.

---

[34] En ingles, Butterfly Effect.

Lo que queremos destacar en este capítulo, es: que su objetivo y el control sobre él, adquiere validez para usted, porque usted se basa en conceptos que acepta, implícita o explícitamente, a la hora de pensar, el conjunto de ellos forma su verdad particular. Los paradigmas pueden estar basados en conceptos de materia, información o cualquier elemento, objeto, modelo particular que usted quiera, usted decide.

Observemos como trabajan los paradigmas con tres conceptos generales, material, informático y estructural.

Paradigma Material; Práctico-Idealista

Este paradigma, se centra, en ver a través de la materia, el resultado de actuar. Aquí tenemos dos extremos, uno práctico, otro idealista. Viendo a través de la materia, el práctico es racional, ve lo necesario, lo que trabaje, lo que le de resultados. De la misma manera, viendo a través de la materia, el idealista es emocional, ve más allá de lo necesario, ve lo bello, y no es solo que trabaje, debe ser perfecto.

Miremos el ejemplo de dos agricultores. Cada uno tiene una parcela de una cuadra.

El práctico, digamos que consciente de sus limitaciones, vive de su parcela. Siembra parte, tiene un par de vacas y unas gallinas. De eso vive, algo ahorra, vendiendo parte de lo que siembra. Si quisiera crecer, lo haría poco a poco, de una manera digamos conservadora, no arriesga lo que no tiene, no hace préstamos, etc.

El idealista, digamos que éste del que hablo, no es consciente de sus limitaciones. Está buscando sembrar 100 cuadras, un par de vacas es muy poco y cuidar las gallinas por unos cuantos huevos no vale la pena. Está haciendo planes para hacerse rico con las 100 cuadras que va a sembrar. Para eso no está haciendo, está pensando como sembrar esas 100 cuadras. Debe convencer a otros de que él lo puede hacer. No conseguirá resultados sino puede comunicar sus ideas.

Paradigma Informacional; Pesimista-Optimista.

Este paradigma, se centra en mirar a través de la información, el pensar. En este caso, hablamos de la abstracción que hacemos sobre el futuro, los planes y sus riesgos. Tenemos dos extremos, uno pesimista, otro optimista. Con la misma información de la economía, el pesimista hace abstracciones, piensa que todo le va a salir mal, no quiere tomar riesgos, trata de que todo esté perfecto antes de empezar, puede quedarse haciendo planes. Igualmente, el optimista al hacer sus abstracciones con la misma información de la economía, piensa que todo le va a salir bien, tomará cualquier riesgo, no se requiere analizar tanto detalle antes de empezar, él, confía que todo saldrá bien.

Un ejemplo, dos hijos reciben una herencia y no tienen mucha preparación en los negocios de sus padres.

Para el pesimista que recibe la herencia, no hay forma satisfactoria para salir adelante. Su conclusión puede estar, en que debe vender todo lo recibido, no podrá sacar nada adelante, él no sabe del negocio, él no puede aprender, él no tiene suerte, venderá al primer comprador, no quiere que luego todo el negocio se deteriore y no lo pueda vender.

El optimista, al recibir la herencia pensará en que todo esto es fácil, si su padre pudo administrar el negocio, él podrá hacerlo, no puede haber problemas tan grandes que no puede resolver, el negocio ha sido próspero, él, hará que el negocio funcione como nunca antes. Como un optimista extremo, confiará en las propuestas de ampliar todas las áreas del negocio, como si tuviera recursos ilimitados, todo debe ir bien, creará el negocio más grande del mundo.

Paradigma Estructural; Analista-Sistemista.
Este paradigma se centra en mirar a través de la estructura, la jerarquía hacia arriba o hacia abajo, partiendo de un nivel de referencia. En este caso tenemos dos extremos, uno sistemista, otro analista. El sistemista, encuentra cómo crear síntesis de los elementos que ve, crea todos o sistemas; llega a un universo. El analista realiza el proceso inverso, desagrega o separa todos hasta llegar a la parte natural sin división, al átome[35].

Un ejemplo: algo ya mencionado, dos personas mirando a un hombre y una mujer que caminan por la playa.

El analista sostendrá que son dos personas, libre pensadores, son un hombre y una mujer, son dos individuos, son vecinos. No hay forma de que sean un solo elemento, un elemento de dos no existe. Son dos personas.

El Sistemista sostendrá que son una pareja, hay interdependencia de pensamiento, el uno limita o expande el pensamiento del otro, sin el uno o el otro, no hay pareja, son interdependientes, no hay procreación humana sin la combinación de 46 cromosomas, este elemento de dos partes es una pareja.

---

[35] Recordar que la semántica de palabra átomo se ha perdido. Hoy un átomo no es un átomo según su semántica, hoy el átomo es un nombre a un conjunto de átomos o partículas fundamentales.

Nota sobre la dinámica de una pareja. En mi casa, mi mujer sabe más que yo, no sé si esto sucede en su casa, pero en general he apreciado que las mujeres saben más que los hombres. Mirémoslo del punto de vista de que el hombre propone y la mujer dispone, luego, al tener el derecho del movimiento final, están definiendo en ese equipo, que ellas tienen la última palabra, la confirmación del conocimiento.

El analista, encuentra como las partes de un todo trabajan, crea componentes; llega al átomo. Con la misma capacidad informacional y el enfoque analítico dentro del paradigma estructural, el analista encontrará elementos clave en el funcionamiento del todo en cuestión.

Miremos un ejemplo de porqué es importante que toda la estructura funcione bien, todos hagamos nuestro trabajo de una forma profesional.

Un día, leyendo una revista sobre venta de máquinas herramientas, encontré un comentario sobre los detalles y su trascendencia. Cómo, una parte del sistema, por pequeña que sea, puede arruinar un esfuerzo gigantesco. Un día en una batalla decisiva, sucedió un pequeño acontecimiento, un clavo se desprendió. El clavo estaba sosteniendo una herradura, la cual se desprendió. El caballo que tenia la herradura, perdió control de sí mismo y no obedeció las instrucciones de su jinete. Su jinete, fue distraído por las acciones de su caballo. La distracción del jinete, sirvió para que su contrincante le asestara un golpe mortal. El jinete era el rey, esto, propició desconcierto entre los soldados, que empezaron a temer por el resultado de la batalla y se desbandaron. La batalla decisiva en la guerra se perdió. La guerra se perdió. Haga un ejercicio sobre

www.matterinfolife.com

este pasaje. Piense que pudo haber pasado. Piense que haría para que no pasara.

Luego los paradigmas no cambian los hechos, la estructura de la materia. Son aspectos informáticos, elementos de la verdad particular, que se aplican usualmente sin consistencia. Esto es, unas veces analizamos lo que hacemos, la eficiencia, etc. y otras veces porqué lo hacemos. Realizamos proyectos donde nos quedamos cortos, fuimos prácticos, tácticos, etc. no extendimos el proyecto con un poco de idealismo, no pensamos estratégicamente. Hay veces que pensamos que todas nuestras oportunidades están acabadas, en un ataque de pesimismo, o al contrario, pensamos ilusamente que ningún factor nos puede destruir o dañar en un ataque de ciego optimismo.

Miremos el paradigma general expuesto en este libro: La información es el resultado de la capacidad informacional de los seres vivos. No existe información fuera de los seres vivos, que son materia. Un libro considerado información, no lo es hasta tanto no ilustre al lector. Si no se alcanza el objetivo de ilustrar al lector, hay muchas opciones. Entre ellas, el escritor no escribe a la altura del lector, o el lector no está a la altura del escritor. Con otro paradigma en mente, este libro busca desarrollar fe y valor. Fe, en que el mundo puede ser mejor y valor, para luchar por un mundo mejor. La justicia es un paradigma adecuado para un mundo mejor, pero requiere un adecuado manejo de información, con la fe de que se puede conseguir justicia y el valor para aplicarla. Cometemos errores y se requiere más valor para aceptarlos: justicia, que para dejarlos pasar: paz.

info@matterinfolife.com

Pensar, Movimiento De La Información.

Los paradigmas forman nuestra verdad particular, son nuestro sistema de información. Movernos de un paradigma a otro, revisando un objeto, se convierte en un proceso, pensar. En este caso, nuestra mente está realizando el proceso, no importa en qué parte del cerebro estemos, estamos dentro de nosotros, estamos en nuestra verdad particular. Piense en que usted está recorriendo una casa. Usted pasa de un cuarto a otro. Pero sigue estando en la misma casa. Esto, es una abstracción a la forma como puede funcionar nuestra mente, o esa capacidad de conciencia de cada uno. Pasamos de una parte del cerebro a otra, o de un paradigma a otro, siempre estamos en la misma casa, el cerebro. Luego, pensar es mover la información, o movernos a través de nuestra información.

Pensar, es combinar o recombinar discriminaciones directas, o almacenadas en el cerebro. Al pensar, estamos creando nuevas ideas, no hay un motivo absoluto para esto, puede ser la curiosidad, el deseo de vagar por nuestras ideas o sentir una necesidad a satisfacer. Pensar, es un accionar permanente del cerebro, que requiere períodos de conciliación o reparación, estos periodos se tienen en el sueño. Luego, al pensar, estamos moviendo ideas de un lugar a otro en nuestro cerebro. El cerebro es el sistema – la mente es el proceso.

Hablamos del equilibrio como un concepto informático básico. Igualmente hemos hablado de que la materia y la información, van de la mano en el ser vivo, sin una de ellas no hay vida, ese es un equilibrio que hay que mantener. Pero estos ingredientes no están el uno al lado del otro, están integrados en otro desequilibrio, que ya hemos mencionado como todo-parte. Ambos, materia-información y todo-parte, tienen una necesidad de control que está impuesto desde adentro. Este equilibrio, está caracterizado por el dragón que trata de comerse su cola, ver Figura 7. Dragón Contra Dragón[36] que está representado en muchas culturas (Livas, 2009). La vida se controla desde adentro.

Los cambios materiales, definidos por otras estructuras externas al ser vivo, crean unos límites que coaccionan la vida. Son una realidad ambiental, el ambiente del sistema, que lleva al ser vivo a interpretarlo. La interpretación de la materia que nos rodea, según nuestra capacidad informacional, ya lo hemos dicho, crea los objetos, que representan la realidad. En este, caso nos referimos a que los paradigmas, crean el complemento a esa realidad material, es la realidad informática. Para los humanos, hay varias interpretaciones a esa realidad informática, los Cuatro Gigantes del Alma, (López, 1965) Miedo, Ira, Amor, Deber; elementos informáticos que no existen en la verdad general, solo en la verdad particular, son un ejemplo. Estas interpretaciones creadas al pensar, se funden en el ser informático y se convierten en rectores de su vida. Estos elementos informáticos, permiten controlar el objetivo especifico de cada ser vivo, el que nace de su verdad particular, versus el objetivo colectivo, el que nace de la verdad convencional. Por miedo o deber dejamos de hacer, o hacemos por miedo o deber. La decisión es personal. Un ejemplo está en una enfermedad informática. La depresión, donde un individuo se bloquea entre hacer y no hacer. Si hace se siente mal y si no hace se siente mal. Si le dicen que lo que hace está bien, no lo cree y no tiene motivo de orgullo; si le dicen que lo que hace está mal, lo cree y no tiene motivo de orgullo.

---

[36] Tomada del sitio internet. orospot.com
info@matterinfolife.com

Es sabido de las capacidades electromagnéticas de algunos órganos en el cuerpo, el corazón y el cerebro especialmente, un asunto material con consecuencias informáticas. El corazón, parece tener el campo magnético más fuerte en el organismo. El cerebro, parece que le sigue en este contexto. Menciono este aspecto del electromagnetismo, pues hasta el momento no hay estudios detallados de estos campos, que muestren imágenes claras y discriminen qué pueden contener, que información valiosa hay y que posibles usos le podemos dar a estos campos magnéticos, en la integración de nuestra capacidad informacional, con las células que forman nuestro cuerpo, o las colonias que forman los distintos órganos del cuerpo. Es una curiosidad que estos campos sean utilizados solo emitiendo, ¿Hay un código en éstos? ¿Será que no lo usan las células comunicándose? Los enlaces electromagnéticos, son comúnmente usados en las comunicaciones y con nuestros aparatos primitivos manejamos muchas opciones, pero no tenemos el código electromagnético-celular, o la intensidad es muy baja; creo que estamos como el perro, en la sección almacenar, no sabemos cuál es la causa del dolor, el carro, o el grito, o el bastón.

Tratemos de integrar la materia-información y el todo-parte, en un modelo del cerebro desarrollado por la doctora Katherine Benziger. Como dijimos, el cerebro puede verse como una casa. Esa casa digamos que tiene 4 cuartos. Estos cuartos son contiguos, ver Figura 8. Las Cuatro Áreas Del Cerebro Según Dra. Benziger., y cada cuarto puede tener las máquinas que procesan lo que reciben de la calle. Los cuartos del frente, solo manejan paradigmas informáticos, los traseros, solo manejan paradigmas materiales. Los cuartos a la derecha, producen objetos y los cuartos de la izquierda, las partes de los objetos. Una aproximación muy burda a la realidad descrita por el modelo de Benziger, pero hay que empezar con algo. Así como en el modelo clásico, aceptado por los psicólogos, un lado racional y un lado emocional, teniendo una preferencia. Benziger, sostiene que tenemos modos de pensar preferidos, no entre dos opciones sino entre cuatro. Siendo lo más significativo, versus el modelo clásico, que ese modo preferente tiene una explicación fisiológica, o sea, está basado en condiciones materiales. Antes de hablar del modo preferente, la ley de la dominancia, miremos el modelo.

Este modelo, creado por Katherine Benziger, está basado sobre muchos años de estudio y práctica en el área o punto de vista de la psicología, incluyendo análisis de tomografías del cerebro, para soportar su trabajo. En el modelo, el todo es la persona, un componente de la persona, es su sistema nervioso. A su vez, un componente del sistema nervioso es la corteza cerebral o neocortex (según Maclean), el neocortex se encarga de las funciones del pensamiento, de la capacidad informacional del ser humano. Benziger denota cuatro modos de pensar. Sin separarse del modelo tradicional de dos lóbulos, donde se realizan funciones racionales y emocionales, el modelo adiciona el concepto de abstracción y concreción, para cada uno de los lóbulos. Las partes basales, hacia la espalda del individuo, son los seres[37] que procesan lo recibido de los sentidos, creando objetos; masas, imágenes concretas, información de primer orden. Luego, las partes frontales de los lóbulos cerebrales, definidas por la fisura central, procesan

---

[37] Decimos seres, pues este conjunto de células cerebrales, o colonia, procesa una parte de los datos recibidos de los sentidos. Luego, cada parte, si trabaja colectivamente es un ser, al ser una parte del ser humano.

lo discriminado por las partes basales una vez más, creando nuevas abstracciones, información de segundo orden.

En su libro, ver Figura 8. Las Cuatro Áreas Del Cerebro Según Dra. Benziger., se trazan dos ejes, quedando uno en dirección adelante-atrás (eje longitudinal) y otro en la dirección izquierda-derecha, (eje central), formando cuatro partes del cerebro así:

1. Frontal-izquierdo (Parte delantera izquierda)
2. Frontal-derecho
3. Basal-izquierdo (Parte trasera izquierda)
4. Basal-derecho.

Está fisiología del cerebro, otro nombre para la estructura de la materia, le da la posibilidad a los seres humanos, de tener diferentes modos de procesamiento de la realidad. Un hecho puede recibir cuatro interpretaciones diferentes; El proceso que cada una de estas partes realiza, crea una información diferente, o sea, discrimina un hecho de una manera distinta, crea una realidad, que finalmente su mente decide que es, convirtiéndose en su interpretación final.

Según los ejes mencionados anteriormente, cada sector interpreta así:

1. Las partes abstractas y conceptos clave: Analítico.
2. La totalidad abstracta, o una imagen simbólica unificadora: Sintético.
3. Las partes que percibe o los objetos tangibles: Estructura.
4. La conexión o la interacción de lo que percibe: Relacional.

El modo preferente, viene de la capacidad dieléctrica en el cerebro, veamos:

"De acuerdo con las investigaciones hechas por el Dr. Richard Hair en San Diego, 'preferimos' un modo, porque nuestro cerebro, es naturalmente más eficiente en ese modo. De acuerdo con Hair, la resistencia eléctrica dentro y entre las neuronas, en nuestra área de preferencia, es mucho más baja y solamente consumimos 1/100 el oxígeno o energía cuando lo usamos para pensar. En otras palabras, cuando usamos nuestro líder natural, pensar es más fácil y requiere menos esfuerzo. Por el contrario, cuando usamos alguna de las otras áreas, cada una consume, 100 veces más energía, por lo que pensar es literalmente más difícil y cansado.

Lo que es importante en esta instancia, es que en términos fisiológico, la dominancia es natural y normal. De hecho, la dominancia rige una gran parte de nuestra fisiología. Sin embargo, así como la dominancia es natural, con frecuencia no se entiende o no se acepta como válida, y se suelen ignorar sus implicancias. Además, la consecuencia de esta simple falta de entendimiento, tiene como resultado el que muchas personas se sientan confundidas, cansadas o abrumadas por los problemas, o bloqueen la posibilidad de la vida alegre, sana y efectiva que están buscando."

Aquí tenemos nuevamente la materia como base del proceso, en este caso como una preferencia en la capacidad informacional. Podemos decir que la propiedad dieléctrica del líquido cerebral[38], define una zona de confort al momento de pensar. Las personas

---

[38] El líquido cerebral es llamado encéfalo raquídeo, por simplicidad lo llamo solo cerebral.

nos sentimos más satisfechas cuando trabajamos de acuerdo con nuestro modo preferencial, es más fácil realizar trabajos en las áreas donde nuestros cerebros se mueven más fácilmente, o sea, pensar es más fácil. Así como hay personas con un modo preferente entre los cuatro, algunas personas, en el otro extremo pueden usar las cuatro partes con la misma facilidad, esto es lo que diríamos, uso integral del cerebro. Esto debe mostrarnos claramente, al combinar niveles en cada sector, que nuestra realidad, nuestra verdad particular, es única y ser felices depende de cada uno.

Al operar sobre la ley de la dominancia, Benziger declara dos reglas empíricas, que ayudan a vivir mejor; autoestima y supervivencia:

1. Desarrollar y nutrir la autoestima, pues trabajamos donde somos productivos y con esto conseguimos más independencia, nos valoramos más y

2. Asegurar la supervivencia, pues podremos entender más lo que hacemos y entender más a las otras personas, lo que nos permite mejorar la interdependencia con personas que piensan diferente a nosotros.

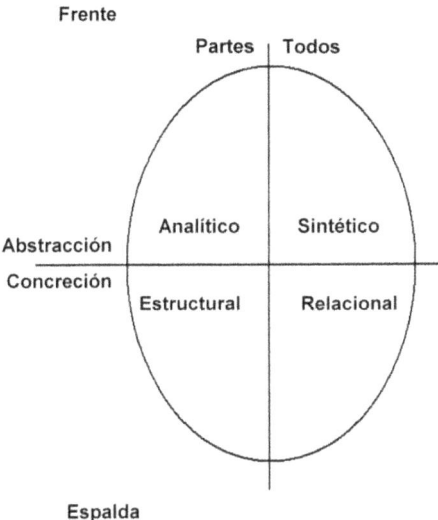

Figura 8. Las Cuatro Áreas Del Cerebro Según Dra. Benziger.

Volvemos sobre los elementos comunes, materia e información. El cerebro, la supervivencia, etc. elementos materiales para el proceso de vivir; y la mente, (pensar), la autoestima, etc. elementos informáticos para el proceso de la vida.

Capítulo 7.

Usos De La Información

"La ilustración, es la liberación del hombre de su culpable incapacidad. La incapacidad, significa la imposibilidad de servirse de su inteligencia, sin la guía de otro. Esta incapacidad es culpable porque su causa no reside en la falta de inteligencia, sino de decisión y valor para servirse por sí mismo de ella sin la tutela de otro." Kant

Pensar es un proceso. Como vimos, aprender es resultado de la aplicación de lo pensado. Al aprender vamos moviendo nuestra verdad particular y la referencia para pensar, de un lugar a otro, estamos recorriendo un camino informático, ontogenia. Comparando lo que pensamos, con lo que pensábamos, nos muestra el movimiento de la información, o sea el camino que hemos recorrido. Los niños no entienden el comportamiento de los adultos. Los adultos olvidan parte de lo que aprendieron cuando niños. Es interesante ver el proceso de aprender y desaprender a través de la vida, el cambio en la forma de pensar, que confirma que pensar es movimiento de información. Miremos la Figura 9 Pensar bajo 4 puntos de vista, mostrando tendencias materiales, espirituales, auto afirmativas e impulsivas, durante el proceso de la vida. Tomado de Pinillos (Pinillos, La Mente Humana, 1970) pero original de Moers.

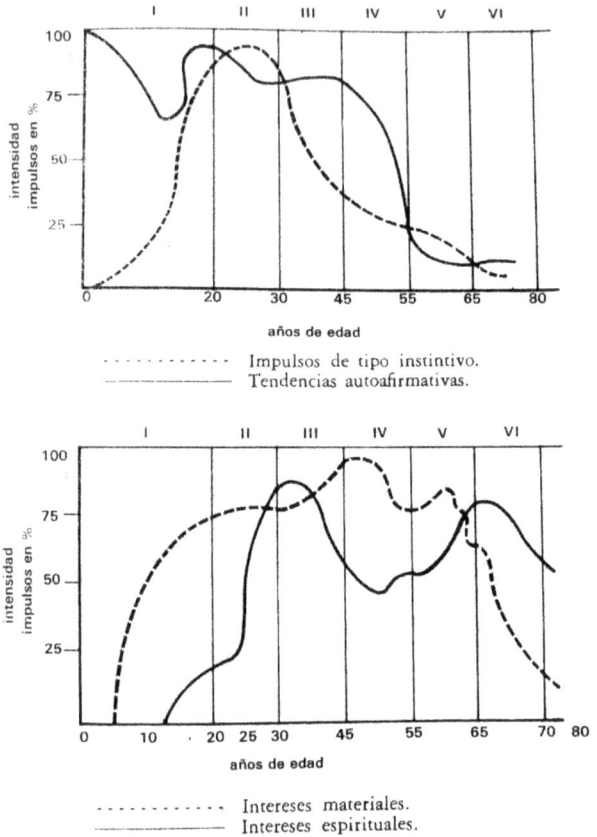

Figura 9 Pensar bajo 4 puntos de vista.

El uso principal de la información es respaldar la capacidad informacional, o sea, tomar decisiones para respaldar el proceso de la vida. El ser vivo, para cumplir con sus funciones vitales, requiere información, que le permita mantener el estado material improbable que lo caracteriza. Forrester, en su modelo de sistema, dice que la información y la materia fluyen en direcciones opuestas dentro del sistema. Una acción crea un cambio material, y luego, este cambio, crea un cambio informático, una retroalimentación. De alguna manera, en los seres vivos, la capacidad informacional, con su capacidad de almacenamiento de información, puede crear lo que algunos denominan, Efecto Anticipatorio (Rosen, 2003). El almacenamiento de información o memoria, le permite al ser vivo, hacer uso de su experiencia, a través de diferentes mecanismos. Un ejemplo se ve en el código genético, donde éste se usa pasando experiencias a otras generaciones. La toma de decisiones está al centro del uso de la capacidad informacional de los seres vivos. Al tomar decisiones, estamos juzgando sobre la utilidad de un hecho. Comparamos las probabilidades del hecho, con el objetivo de vivir y otros elementos que tenemos dentro de nuestra verdad general. Decidir se convierte en un plan, pues estamos pensando con una acción en mente, lo que más nos conviene en un momento de reflexión, o en un momento de urgencia. En cualquier caso, un proceso material-informático que se mejora con más capacidad informacional, en ciclos de aprendizaje, practica-teoría.

Informáticamente, pensar-decidir-pensar se convierte en aprendizaje. Al combinar objetos, creamos modelos. Un modelo puede convertirse en un axioma. Un axioma todavía es un objeto. Los axiomas crean la base para las estructuras informáticas. El punto, o el vector, son axiomas para modelos matemáticos. Estamos construyendo estructuras informáticas, donde todo es información, no se construye nada material. Sin ejecutar, se puede aplicar lo pensado y crear más ideas, hasta llegar a la idea de perfección. La perfección, es un objeto creado por analogía a otros objetos materiales, claro, se convierte en modelo de referencia. Llegamos a él tomando decisiones, que llamamos lógicas, allí solo hay información.

info@matterinfolife.com

Materialmente, pensar-decidir-ejecutar se convierte en aprendizaje. Las partículas crean la base para las estructuras materiales. Una partícula es materia, al combinarse por sus propiedades, crea estructuras. Como la estructura de las partículas o el cambio de estructura, definen en último término lo que percibimos, decimos que la verdad general está dada por la materia. En cada ciclo, pensar-decidir-ejecutar, obtenemos diferentes estructuras materiales. Al revisar lo ejecutado, versus lo planeado, podemos encontrar que el acercamiento entre lo que pensamos y lo que ejecutamos, se reduce, es lo que conocemos comúnmente como aprender. Entonces podemos decir, que aprender, es corregir lo planeado y/o lo ejecutado para ser más consistentes, mejorar las probabilidades de tener los resultados que queremos. Esa es la esencia del control total de la calidad, reducir diferencias, que llamamos errores, entre menos errores, mejor es la calidad. Por analogía, si nuestros resultados no satisfacen lo pensado, estamos alejándonos de lo que queremos, de lo que nos gusta, estaríamos desaprendiendo, la calidad de nuestras acciones no es buena.

La economía, como modelo, busca decidir sobre la utilización de los recursos, con el objetivo de obtener el máximo beneficio. La maximización de los recursos, es un principio usado por los seres vivos en todos sus procesos. La naturaleza interactúa bajo las propiedades de la materia, la inercia y la carga. No existe la posibilidad de crear, o almacenar información, sin las acciones de la materia. Luego, corresponde al ser vivo, tomar las decisiones de la manera más económica posible. Esta manera más económica posible, se hace bajo la verdad particular de cada ser vivo, decisión integral, que incluye dos puntos de vista básicos, el material y el informático. Esto se ve en toda empresa de seres vivos, toma económica de decisiones, maximizando los resultados con los recursos que se tienen a mano.

Toma De Decisiones

Una decisión, en su concepto más básico, es creación de información. Recordemos que los principios son fáciles, su aplicación se hace difícil por la cantidad de elementos que intervienen, cada elemento tiene sus principios o propiedades. Al realizar el proceso informático, el juicio termina el proceso iniciado en la discriminación. Cada ser vivo decide qué tiene ante sus ojos, cuál es el sonido que recibe, si el ambiente está caliente o frío, si un alimento sabe bien o desagradable. Un ejemplo de esto lo tenemos en las pinturas surrealistas. Con un enfoque, vemos una copa, con otro vemos dos caras, estamos decidiendo sobre uno de los dos. En algunas pinturas, no discriminamos, nuestra decisión es: no veo nada. En este contexto, estamos decidiendo sobre el arte, lo que la pintura dice. En el contexto de la vida, lo que decidimos determina el resultado del proceso de vivir; que a nuestro nivel, es la combinación de procesos informáticos y materiales, que permiten que vivamos la vida que queremos. Esto es, estamos combinando procesos materiales e informáticos, a través de todos los niveles de nuestra estructura, que empieza en las partículas elementales. Procesos emergentes unos de otros, inician en las células procarióticas, que dan paso a la célula eucariótica, las eucarióticas dan paso al órgano, los órganos dan paso a nuestro cuerpo, donde finalmente nuestra mente, decide sobre la interpretación a lo que nos ocupa.

Cuando tomamos decisiones, las tomamos como el todo que somos. Ese todo emergente de la estructura material, el ser humano que hemos tomado como referencia. Informáticamente, ese todo, puede surgir por las funciones que se realizan, o sea por lo que un grupo de partes hacen. Un todo que escribe, crea un escritor y así sucesivamente se crean, actores, negociadores, padres, etc. Cuando juntamos todas esas funciones y lo hacemos simultáneamente[39], tenemos un nuevo todo; en este caso un ser humano. Cuando llega la hora de tomar decisiones, usamos más o menos elementos para la toma de la decisión, dependiendo de nuestra capacidad informacional. Pero en cada caso, está el todo. Si tomamos como referencia el modelo de Benziger, es indistinguible, en general, cual parte del sistema nervioso estamos usando. De donde estamos trayendo los elementos que incorporamos, cuantos estamos considerando, etc. Es un todo el que está juzgando, independiente de las partes que intervienen; ya dijimos que ese todo es la mente. En el proceso inconsciente, ese todo debería ir por las cuatro partes del cerebro. Pero hablamos del modo preferente, el que tiene menos resistencia dieléctrica, el que lidera el proceso por economía y que por esto, la mente lo prefiere. Luego, estamos tomando la decisión como un todo, pero en este caso, no usamos las otras partes del cerebro con la misma intensidad, nuestra decisión no es integral, pero la tomamos como un todo. Esto nos lleva a decisiones parciales, pensando solo en nosotros, solo en los otros, solo en los medios, o solo en los fines, con las consecuencias que esto tiene para los grupos en los que participamos.

Teóricamente, el uso integral de la información, tendría todos los puntos de vista, en todos los niveles, a todas las distancias. Asunto prácticamente imposible en la realidad, así que definamos puntos

---

[39] Me refiero al hecho de que todos sus roles se juegan al mismo momento. Usted no deja de ser padre cuando se va a trabajar, posiblemente tiene un par de fotografías de su familia cerca. Lo mismo con sus padres, usted seguirá siendo el hijo hasta que no haya padres; etc. Padre es una idea, padrón es otra.

www.matterinfolife.com

de vista, para iniciar un proceso de decisión práctico. Primero tenemos, la materia y la información que, para los seres humanos, son vistas como las necesidades o los deseos. Notemos, que estos dos puntos de vista pueden incluir los expuestos en la pirámide de necesidades de Maslow. Pero en este caso no existe el concepto de pirámide, existe el concepto simbiótico del ouroboros. Las decisiones son propias al ser vivo que las toma, él decide si prefiere satisfacer una necesidad, o un deseo. ¡Es su decisión! Claro, algunos pueden pensar como el personaje de una fábula, que en el momento de un asalto le preguntan: "El dinero o la vida" y él responde "La vida, el dinero lo necesito para un negocio". Las decisiones en el ser vivo buscan satisfacer sus necesidades, pero no tiene porqué ser así para todos, particularmente para el ser humano. En segundo lugar, el punto de vista de la estructura. Hemos dicho que el ser humano es un todo que tiene partes y somos una parte de la humanidad y debemos considerar las otras partes que forman el todo humanidad. En este caso, se adiciona a los parámetros de necesidad, o deseo de la toma de decisión, cómo contribuye el resultado de ésta a mi vida y a mi comunidad. Por último, incluyamos el punto de vista de la distancia. Según la distancia, medida en ciclos, pueden darse dos puntos de vista, táctico o estratégico. El orden táctico es de corto plazo y ahí se tienen elementos como el hambre, frio, cansancio etc. Desde el punto de vista estratégico, estarían elementos como la procreación, conservar un territorio, proteger un bebedero o la seguridad etc. Observemos como con cada elemento adicionado, la decisión integral se hace más compleja.

¿Hay decisiones perfectas? Debido a que hay tantos puntos de vista, como ya lo hemos mencionado, éstos nos dan una clara idea de que las decisiones, si son perfectas desde un punto de vista, dejan de serlo desde otro punto de vista. La posibilidad de tener decisiones perfectas, desde todos los puntos de vista no es posible en la práctica. Claro, estamos no solo en libertad, sino en la obligación con nosotros mismos, de buscar la decisión más adecuada, una que mantenga integridad en el grupo, por el mayor tiempo posible. Las decisiones de grupo son difíciles, recuerde el dilema que se presenta en las paradojas donde se limitan las soluciones, usted debe decidir en algunos momentos entre extremos como: matar y vivir, o no matar y no vivir. Si no mata será victima de ese contrincante. Pero, como dije, éstos son extremos, usualmente de seres violentos que viven en un paradigma de escases, se rodean de soldados con poco o ningún criterio, soldados obedientes por la paga, mercenarios, no pueden entender más allá de los extremos, no entienden que hay soluciones intermedias, que pueden crear un mundo mejor.

¿Qué tanta Complejidad hay en la toma de decisiones? La complejidad, es un concepto relativo a la capacidad informacional. Si tuviéramos capacidad informacional perfecta, no habría complejidad, no habría caos, no habría problemas, ya sabríamos de antemano que acción tomar, todo estaría bien, no tendríamos que pensar, solo aplicar nuestra información almacenada, nuestro conocimiento. Pero no conozco a nadie, con capacidad informacional perfecta, luego, dentro de nuestros límites, en la toma de decisiones, se presenta la necesidad de discriminar. La primera discriminación debe hacerse sobre las metas personales y una segunda sobre las metas colectivas, esto es, debemos tener un objetivo personal y un objetivo colectivo. Con esto podemos definir los recursos necesarios, tanto materiales como informáticos. En una decisión, de trillones de seres vivos, debería haber más complejidad que en una de billones de seres vivos. Pero si cada uno de los billones de seres vivos, tiene más complejidad que cada uno de los trillones de seres vivos, la complejidad en la toma de decisiones, puede ser mayor para los primeros. No es lógico, más capacidad informacional, permitiría resolver problemas más fácilmente. Me refiero a que los trillones de células que forman el cuerpo humano, forman un todo muy coherente. Mientras la humanidad, los billones de seres humanos que la formamos, trabajamos con el mismo concepto de vida de una manada de chimpancés. La diferencia está en la tecnología, no en el comportamiento como seres vivos. Luego, el asunto de la capacidad informacional, puede dividirse entre inteligencia y conciencia, que discutiremos en el último capítulo. Debemos mejorar nuestra toma de decisiones, incorporando más profesionalismo, dejando a un lado la obsesión por lo fácil y buscar obtener el mayor beneficio, sin sacrificar el futuro de otros seres sobre la faz de la tierra.

¿Qué es un punto ciego o una obstrucción mental? Cuando llegamos a un momento en la toma de decisiones, en donde existen demasiados elementos, o llegamos a nuestro nivel de manejo de complejidad, donde no podemos asignar prioridades, diremos que hemos llegado a un punto ciego. También, incorporando la parte emocional, podemos llegar a un punto ciego, cuando nos vemos impotentes, no por la complejidad lógica, sino por el asunto emocional. No podemos tomar una decisión, o mejor, obstruimos la decisión por la parte emocional. Esta parte emocional, no necesariamente debe ser de vida o muerte. Puede haber elementos más "fáciles", como no quedar mal con nuestros padres o vecinos. Al respecto hay una noticia en el momento. Un joven de 19 años se suicidó, pues jugando con su intimidad, compañeros lo filmaron y lo expusieron en las redes sociales del internet. Este muchacho llegó a un punto ciego, no pudo ir más allá y dar la cara tal vez a sus padres, el punto es, fue más fácil la acción material, que la informática, el poder de las ideas de quedar mal, al de mantener su integridad. En fin, el punto es, trate de ver un poco más allá, usted vale tanto como cualquier otro ser humano y también reflexione sobre sus verdaderos compromisos y con quien tiene esos compromisos, un grupo cercano o un grupo lejano.

¿En que se parecen confianza y claridad? En principio no parece tema en la toma de decisiones. Pero se parece al punto anterior. La claridad en la toma de decisiones, se da, al no tener puntos ciegos, una adecuada asignación de prioridades, siendo la primera conservar su vida y la confianza en que no haya obstrucción mental, usted puede solucionar cualquier situación, sin tener que llegar a extremos de quitarse la vida. Como dijimos, no tenemos toda la información, entonces, en los negocios se requiere tener presente con quien estamos haciendo negocios. Las cuentas claras y el chocolate espeso. Explorar todas las posibilidades que estén dentro de nuestras manos, en proporción al tipo de decisión que se va a tomar, le da claridad. Y cuando se trata de negocios, entender con que persona o compañía se está negociando, le da confianza. Como lo hemos dicho, no hay información perfecta, pero ¿Conoce claramente su ambiente de negocios? ¿Qué puede usted ofrecer hoy que no ofreció ayer? ¿Quiere mantener sus márgenes a costa del de su cliente o proveedor? En general, debe preguntarse si su estrategia de negociación está en consonancia con la misión y la visión que usted tiene de su compañía en el mercado y hacia el interior de ella. Esto es, como lo expone Michael E. Porter, su estrategia debe entender toda la cadena de valor.

¿Qué hay de los riesgos? Toda decisión tiene riesgos. Los riesgos vienen de la naturaleza de la naturaleza, o debo decir, de la naturaleza de la materia, incluyendo aquella con capacidad informacional. Esto es, las constantes interacciones de la materia y además las comunicaciones entre los seres vivos y las acciones de los mismos. Cuando tomamos decisiones, estamos prediciendo que pasará sobre un sistema y excluyendo la posibilidad de otros sucesos. Pero no tenemos el control, como dijimos, no tenemos toda la información, eso sería tener información perfecta. Entonces la mejor manera de "controlar" los riesgos, es midiéndolos. Unas veces, trabajamos los riesgos como sacando tierra, creando un hueco para tapar otro hueco, cuando en realidad no queremos ninguno de los dos huecos. ¡Ni el creado, ni el que se está creando! Por esto es importante definir cuando nos consideramos perdidos. Esto es, cuando es que debemos dejar el camino tomado, el que decidimos iba a suceder y tomar otro nuevo camino. En otras palabras, debemos tener claro, cuáles son las pérdidas que estamos dispuestos a soportar, la definición de derrota o definir nuestra derrota. Otro punto en la medición de riesgos, es entender que estamos en desarrollo de planes, y todas las batallas no se ganan. Debemos mantener el rumbo, pero necesitamos entender qué es lo que estamos construyendo.

Como un ejemplo de medición de riesgos. En una clase sobre negociación, un negociador español que participó en la negociación del metro de Medellín, Colombia, lo decía de esta manera: "Cuando usted está negociando, debe saber que va a dar a cambio, incluso desde el punto de vista personal, pues los límites de la negociación son escogidos por los negociadores." Luego, usted puede pensar que su situación es desesperada, por que se le presentó un riesgo negativo y ahí, puede llegar a una obstrucción mental, y tomar decisiones que no estaba dispuesto a tomar, creando dos huecos y un montón, un total fracaso comparado con solo tener un hueco. Aquí, el punto es que hay que considerar los riesgos positivos y negativos que le harán conseguir el todo perseguido, o uno de los todos esperados. En términos de inversiones, pierdo lo invertido y no más de lo invertido; pues muchas veces, por salvar una reputación que no hay que salvar, o sea, por tratar de quedar como infalible, usted creará más problemas de los que se le ocurrió pensar. Personalmente, así veo el derrumbamiento de la General Motors, la compañía manufacturera de carros. Los ejecutivos se apartaron de los clientes, hicieron lobby para que los carros japoneses tuvieran más dificultad en alcanzar el mercado americano, compraron a la Fiat, para mantenerse como los mayores productores de carros en el mundo, para luego terminar en bancarrota. Lo simple, hacer buenos carros, al gusto de los consumidores, era mucho para los ejecutivos.

La toma de decisiones es análoga al diseño, van de la mano. Requieren información previa. Su objetivo es buscar la satisfacción de necesidades, con recursos que se tienen a la mano o no. Las dos requieren imaginar futuros escenarios. Hay procesos, métodos y herramientas, pero hay una diferencia: la decisión termina en la parte informática y el diseño sigue el proceso de validación de lo que se diseñó, ponerlo en práctica, una vez se ha tomado la decisión de ejecución, todavía necesita enfrentarse con la materia.

Por último, es importante mencionar que las Herramientas, no sustituirán nuestro papel como tomadores de decisiones. Somos los seres vivos los que en último término tomamos las decisiones, sin importar que tanta tecnología se involucra, o en el caso de la ayuda de los consejeros, el consejero da un punto de vista, el usuario, termina decidiendo lo que le conviene o no. Hay personas irresponsables, que se empeñan en tomar las decisiones y luego echan la responsabilidad de los resultados a quienes comentaron en el proceso. En los libros de control de calidad, se habla que los gerentes en las compañías orientales, toman responsabilidad por sus decisiones, buenas o malas y que en occidente, si el resultado es bueno, el gerente toma la responsabilidad de la decisión, si es desfavorable, encuentra un chivo expiatorio para justificar el error.

Siempre decidimos, hasta en el caso que decidimos no decidir y les damos a otros el espacio para que decidan sobre lo que nos conviene o no.

Comunicación

La Comunicación es un proceso que permite la integración de seres vivos. El principal uso de la información, es mantener la integridad material del ser vivo, el todo-partes, como dijimos en la toma de decisiones. Pero la comunicación, puede verse como el uso de la información, para mantener la integridad material del ser vivo, las partes-todo. Sin comunicación, como dijimos, no existirían las estructuras de seres vivos, no podría darse el equipo de trillones de células. Queda al lector decidir cuál de los dos usos de la información es más importante. Claro, podemos decir que solo estamos teniendo un uso de la información y es tomar decisiones en el nivel celular. Las decisiones de las células, se ven reflejadas en el nivel macro, por lo que hacemos y al nivel micro, por las acciones ejecutadas por cada célula. Miremos un ejemplo. En su mente se crea la idea de tomar un líquido, fue una decisión tomada por sus células. Usted decide ir a tomar agua. Cuando usted se mueve, sus células nerviosas le están diciendo a sus células musculares, vamos por el agua, etc. Si las células musculares no se contraen, por más que usted desee ir a tomar agua, no lo podrá hacer.

Recordemos que las primeras formas de vida, datan de un par de billones de años atrás. La integración de células procarióticas, requiere comunicación. Las células procarióticas no son nada, si las moléculas que la estructuran no están ahí comunicándose.[40] Hay que aclarar ¿Cuál es la función del ribosoma? ¿Cómo se dan las discriminaciones, almacenamientos, comparaciones y finalmente los juicios en la replicación de las células procarióticas? ¿Cuál es el código y los medios materiales que la célula usa para comunicarse? Todos asuntos técnicos. El mismo principio aplica a las células eucarióticas, también tomó miles o millones de años. Debidas proporciones, la integración de células procarióticas, puede verse como la de un caballo y su jinete, se sirven mutuamente y la comunicación es por gestos o acciones de doma. En este contexto, primero las partes y luego el todo, o sea, primeros los seres vivos y luego la comunicación, para poder estructurarse nuevamente.

Analicemos el sistema ser humano. Podemos ver al sistema ser humano, al individuo. Primero las células eucarióticas existen. Luego deben desarrollar códigos y se comunican creando diferentes tipos de animales. Luego, dentro del grupo, los simios y finalmente, las células eucarióticas mediante los complicados sistemas de comunicación, terminan creando un ser multicelular, el ser humano. Ahora tomemos el meta-sistema, ser humano, la humanidad. La humanidad está en un proceso de mejorar las comunicaciones entres sus partes. Han existido diferentes intentos

---

[40] esta estructura limpia del ser humano no existe. En los seres multicelulares existen bacterias que son "amigas", ayudan a las funciones del organismo como la digestión. Así mismo con la ayuda de hongos y otros animales microscópicos nos convertimos en zoológicos ambulantes, somos ecosistemas, con materia viva y materia inerte en funciones especificas, como estructura de apoyo a las funciones de la vida. Un ejemplo es el esmalte en los dientes, es materia inerte y otros son el colágeno en la piel o los vellos en todo el cuerpo, incluyendo el más visible, el cabello.

www.matterinfolife.com

de comunicarnos a través de objetivos comunes con poco éxito. Ahora se han desarrollado medios materiales como la electrónica y próximamente con otras herramientas, el concepto de internet mejora la comunicación de tal forma, que funcionaremos como un ser vivo, más allá de lo que somos hoy. Luego, la estructura viva que representa el ser humano, seguirá complementándose, si algunos seres "humanos" lo permiten, el proceso ya esta adecuadamente direccionado.

La idea de control es muy extendida, pero no tiene ningún sentido sin la idea de comunicación. Cuando analizamos la idea de control, no es fácil precisarla, pues en el fondo, no hay control en el sentido estricto de poder mantener una condición especifica. Cuando decimos que un jinete controla su caballo, hay un proceso de comunicación, donde el caballo por las acciones de la doma y/o los cuidados de su jinete, accede a seguir sus instrucciones. La comunicación, en su mejor sentido, es un proceso que crea consenso entre los seres vivos. Un consenso, requiere que la voluntad individual, se integre a la voluntad del equipo. Un gerente puede comunicarse muy bien, pero no alcanzará consenso sobre los objetivos de la compañía, hasta que todos los involucrados entiendan que son un equipo, que los equipos juegan-trabajan en equipo; que son equipo para conseguir resultados, más allá de los que cada uno puede alcanzar individualmente. En el equipo, cada uno hace una función requerida por el equipo, la que se comprometió a hacer en el momento en que pasó a ser parte del equipo. El consenso se hace bajo ciertas premisas, la más importante, es apoyo mutuo, para alcanzar el objetivo del equipo. El equipo es un sistema y sus integrantes, sus partes, los subsistemas. El consenso es compromiso con el equipo, requiere una buena comunicación, parte informática, pero como lo que se

info@matterinfolife.com

quiere no es hablar, sino resultados, el que no se desempeña a su nivel, debe comunicarlo y es acción de equipo, el apoyo a otros miembros en el equipo que no se desempeñan al nivel requerido. La comunicación para alcanzar consenso, debe ser sincera, verdadera, etc. y entendida. Solo la comunicación, como el mensaje entendido, permitirá que se dé el consenso en un mundo real, donde la perfección no existe.

Interacción no es comunicación, pero la comunicación si tiene interacciones. Un ejemplo de interacción es un choque. Un ser, colisiona con otro y de ahí, se da una interacción, o acción entre seres. Como resultado de esta interacción, dependiendo de las características materiales de los seres y el estado previo a la interacción, se dará un resultado. Miremos a las interacciones en la mesa de billar, particularmente la de billar regular, tres bolas. Suponiendo condiciones estándar, la mesa está nivelada, las bolas son esféricas, los tacos cumplen especificaciones aceptadas etc. El billarista taca la bola y en ese momento hay una interacción entre el taco y la bola. La bola queda bajo las condiciones físicas definidas por la gravedad, el paño de la mesa, la esfericidad de la bola etc. En este resultado los seres inertes no tienen ninguna oportunidad de decidir. La bola responde a la tacada de acuerdo a las condiciones físicas y las leyes estímulo-respuesta. En la comunicación, hay también estímulos físicos, pero el resultado, tiene un espacio entre el estimulo y la respuesta, la respuesta está definida por la comprensión del mensaje, las capacidades del ser vivo y/o las condiciones de ruido, no por las diferentes interacciones físicas que se dan en el proceso, o sea el código. Si el mensaje es entendido, el emisor y el receptor tienen la misma información, se compartió un concepto, después de la comunicación, cada uno de los seres vivos, sabe cuál fue el mensaje. La bola de billar siguió el estímulo físico y

www.matterinfolife.com

lo seguirá de la misma manera física, sin información, solo por acción del choque. Pienso, codifico, hablo, espero respuesta, que parafrasea el mensaje y si el mensaje fue entendido, la comunicación termina, si no fue entendido, se da un nuevo ciclo, hasta efectuar la comunicación. No quiero extenderme en esto, el punto que quiero destacar, es que en la interacción, el proceso es netamente físico, no se transmite ningún concepto, pues los seres en ambos extremos de la interacción, son seres inertes. En la comunicación, se transmite información que va a tener más o menos significado, dependiendo de las experiencias de los seres vivos, o sea del conocimiento compartido.

La comunicación nos permite crear verdad convencional, información "compartida". En las células el nivel de comunicación es más básico, es más "simple". Al estar más "cerca" de la materia, la comunicación es más concreta, que en los hombres, donde la comunicación se hace más difícil, debido al nivel de abstracción más alto

 al que han llegado nuestras ideas. Técnicamente, se define comunicación como un proceso, donde un paquete de información, que es el mensaje codificado, se envía a uno o varios destinatarios, el destinatario lo recibe y devuelve confirmación del paquete de información recibido. En la comunicación clásica, el mensaje no importa; es la interacción material, donde lo importante, es que el código sea bien transmitido. Entre los seres vivos, hay infinidad de medios, químicos, magnéticos, eléctricos, etc. Lo verdaderamente importante es el mensaje, pues es cuestión de vida, de preservar el sistema. Al cerrarse el proceso de comunicación, en un ciclo, el emisor inicial confirma que el mensaje si fue entendido, ejecutando la acción esperada por el emisor. En este caso, la comunicación es un proceso vital, donde se busca un resultado por motivos individuales y de equipo. El uso de la comunicación en los seres vivos, les permite una vez creada la verdad convencional, trabajar en equipo y cada parte del equipo, se responsabiliza de una función vital, siendo una de ellas la coordinación.

¿Qué es ruido? En términos clásicos de comunicación, el ruido, es la contaminación de la información codificada, debido a características propias de la naturaleza de los medios que se usan en la comunicación. En otras palabras, ruido es algo indeseable que se da en el proceso de comunicación. En esos términos, en la busca de la verdad convencional, para crear un verdadero equipo humano, se crean innumerables factores de ruido. Covey habla del espejo social. Lo que nos enseñan, pero que no se acomoda a nuestra naturaleza. Si valoramos la paz, encontramos que cuando nos enseñan con violencia, a ejercer violencia, la encontramos indigna, por decir algo. No aceptamos la violencia como un elemento válido para nosotros. O al contrario, cuando somos violentos, pues alguien en nuestro ambiente fue violento, encontramos que la paz es fastidiosa, no convence. Desde el punto de vista de la comunicación, el ruido también se da con la desinformación. Un líder, nos muestra cómo trabaja el mundo para beneficio de todos. Un estafador, nos desinforma, nos trata de decir que el mundo trabaja para beneficio de todos, pero en el fondo, solo busca beneficios personales, no el de la comunidad.

Quiero hacer énfasis, que el código del mensaje puede ser recibido, pero no ser entendido, no tener significado, no transmitir un conocimiento y en ese caso, no ha habido una comunicación real. En la teoría clásica, si el código llega, se dice que se dió una comunicación. Pero solo llegó el código. Si no se entiende el mensaje, no se entiende el modelo que se quiere transmitir, en ese caso no se dió comunicación real. Cuando yo le digo que un grano de arena de 70 kilogramos puede perforarle su mano, con el solo hecho de descargarlo suavemente en su mano, cuando usted la tiene apoyada en una mesa, usted puede decirme que lo entiende perfectamente. Claro que es posible. Pero del hecho que se lo diga, al hecho que eso sea entendido, es otra cosa. Usted puede repetir una y otra vez lo que le dije, como una grabación, usted lo ha registrado en memoria, pero no está existiendo conexión con el mundo material. La comunicación entre seres vivos debe transmitir el significado que se quiere dar, el conocimiento sobre el mundo real. Por eso, la comunicación en el sentido clásico, es estrictamente interacción física.

¿Existe un idioma universal? Posiblemente la fuerza bruta, que genera miedo. Este idioma de los tiranos, es aceptado por el grupo que no entiende de diversidad. El grupo que quiere ser igual a sus amigos, pero quiere la muerte de los "enemigos". Es necesario preguntar: ¿Qué es un enemigo? debiera decir: la naturaleza, la naturaleza lo es, cuando no está de "acuerdo" con nosotros, entonces, con seguridad, la verdad general, la materia es nuestro enemigo. Ese es el enemigo que debemos dominar. Nos estamos peleando por el calentamiento global, uno o dos grados centígrados en el último siglo. ¿Por qué no se habla de los súper volcanes? Estudios recientes muestran que el súper volcán de Krakatoa, en Sumatra, explotó y cambió la composición de la atmósfera, con el inmenso volumen de partículas. Las partículas reflejaron la luz del sol enfriando la tierra y cambiando todo el ecosistema. Heladas, destrucción de plantas, muerte de innumerables seres vivos. Se afirma que murieron muchos homínidos, posiblemente el 90% de ellos. Pero hemos encontrado en nuestra visión de corta distancia o mentalidad individual, que nuestro mayor peligro, es el cambio gradual de temperatura en la tierra. Tampoco consideramos la posibilidad de un meteorito de tamaño apreciable. ¡La Nasa lo ha descartado! Pero, ¿Quién es la Nasa? una institución humana, que no puede garantizar que llegue un meteorito realmente destructor y más fatal que el lento proceso del calentamiento global. Entonces nos falta más conciencia de los granos de arena que nos pueden hacer daño y que no vemos que están ahí. ¿Cómo prepararnos? Dejemos la violencia para la naturaleza, trabajemos en formar una cultura inteligente, que nos permita comunicarnos y crear el consenso que necesitamos para tener una base de vida mínima para todos, los que quieran más, que contribuyan más, tienen derecho, pero todo, dentro de un consenso de justicia para todos. Así, tendríamos la base para dejar la infinidad de desperdicios que estamos dejando y empezaríamos a explorar otros planetas, dentro y fuera del sistema solar. Sí, la violencia puede ser el idioma universal, pero cultivemos la tolerancia, dentro de los límites de justicia, comuniquémonos, vivamos vidas plenas.

La información se usa en la forma que el ser vivo decida hacerlo. No como dicte ningún parámetro externo a ese ser vivo, usted, ante una situación externa, puede estar enfocado en solucionarla o escapar de ella, usted decide. Los límites del uso de la información, también están en cada uno, sus células se encargan de una parte de su información, la de las partes, usted se encarga de otra parte de la información, la del todo, usted. Nadie tiene control sobre usted, como dijimos, usted controla su mente y con ellas sus acciones.

www.matterinfolife.com

Capítulo 8.

Niveles En La Capacidad Informacional

El ser vivo más pequeño, que da origen a la vida, tiene una capacidad informacional mínima. La capacidad informacional, crece según las propiedades estructurales y funcionales de los seres vivos, además de otras propiedades emergentes, debido a procesos de comunicación. Como hemos mencionado, la estructuración de los seres humanos, se está complementando con herramientas externas para el manejo de código, que facilitan las comunicaciones y tendremos la evolución hacia el ser vivo humanidad, que tendrá el nivel de capacidad informacional más alto que podamos concebir. En la otra dirección, si el sistema vivo mínimo se descompone, pierde su capacidad informacional, se convierte en un sistema muerto, en materia sin capacidad informacional. Como ejercicio, vale la pena pensar en una noticia de estos días; se dió la noticia de la primera célula artificial. Quedé sorprendido por la expresión. Técnicamente se tomó el núcleo de una célula y se le remplazó el código genético, esta célula, curiosamente se reprodujo, un fin de semana, fuera de los ojos de los investigadores. Antes de discutir un poco más sobre la célula artificial, pensemos en la capacidad informacional como proceso.

Al analizar el hecho de la célula artificial, asumiendo que hay verdad general en todo esto, podemos decir que hubo un trasplante de "órgano". El código genético de una célula, fue remplazado por otro. El nuevo código genético, fue creado en el laboratorio. El ribosoma no tuvo inconveniente en replicarlo. Si llevamos esta situación a nuestro nivel, con las debidas proporciones, podemos decir, que le entregaron a una persona un modelo diferente, para construir un artefacto. La persona toma el artefacto y lo reproduce, usando el modelo y los recursos que se supone son necesarios y también fueron suministrados. Según nuestra estructura de la materia viva, el núcleo de la célula eucariótica es una célula procariótica. Luego, a un individuo, el ribosoma, se le entregó un modelo, el código genético, pidiendo que lo replique. No se alteraron las condiciones ambientales, los recursos estaban, se le cambió el modelo.

La vida, inicia con la capacidad informacional. Pensemos por un momento, el primer ser vivo o grupo de seres vivos sobre el universo, en la tierra, o en otro lugar, este ser vivo, tiene una capacidad informacional muy básica, como dice Mira y López, la capacidad informacional de una micela, que solo se contrae ante un estímulo. El nivel que tiene un virus u otra estructura molecular como la de un prión, que es todavía una forma más básica que el virus y que hoy se discute, si alguno de los dos son realmente seres vivos o no. Este asunto del ser vivo más pequeño, es un asunto técnico, que será probado cuando se tengan las herramientas apropiadas. Siguiendo con el asunto conceptual, es sabido que formas de vida como los virus, se reproducen dentro de las células, pues no tienen la funcionalidad de hacerlo. ¿Está el virus actuando como un ribosoma? ¿Está el virus reemplazando el código genético y "engañando" al ribosoma? Importante técnicamente; pero conceptualmente, el virus está consiguiendo el resultado de reproducirse. Llevando ésto a términos de humanos, tendríamos a una persona que nunca se ha ensuciado las manos con nada, todo las funciones materiales externas han sido realizadas para ella; digamos es un rey.

Retomando la parte conceptual y para facilitar la explicación, regresemos a nuestra estructura de la vida. La célula procariótica, como base de la estructura de la vida, ya tiene partes que son vivas, pues el ribosoma tiene que saber qué está haciendo, cuando crea proteínas, o replica el código genético. El ribosoma está manejando información, pues realiza hasta control de calidad de la replicación del genoma. Luego al nivel celular ya hay comunicación entre sus partes, se usa información. Claro, hasta el día de hoy, todo se ha explicado con los puntos de vista científicos (descomponiendo) y con el punto de vista de que la información existe, fuera de los seres vivos. Conceptualmente, con cada nuevo nivel de seres vivos, se crea un nuevo nivel en la capacidad informacional. Cada nuevo nivel de seres vivos, crea otras características funcionales, más especializadas, dando nivel a nuevas necesidades de comunicación. A medida que se pasa de un nivel a otro, el desarrollo de más capacidad informacional, representa más capacidad de discriminar, más capacidad de representar, esto es, volver a presentar ante nosotros imágenes que no se relacionan inicialmente[41].

Conceptualmente, todos los seres humanos nacemos con la misma capacidad informacional. Cuando nacemos tenemos la capacidad de percibir el mundo como humanos, cuatro formas de procesar el mundo (Benziger), memorizar, ver colores, escuchar, etc.

---

[41] Este es el proceso imaginar, subproceso de la capacidad informacional, donde usamos la curiosidad y la memoria para jugar con las imágenes y darle sentido a lo que no existe, crear, o quitarle sentido a lo creado, destruir.

Técnicamente no es cierto que tengamos la misma capacidad informacional, diferentes mecanismo, algunos llamados "errores" o evolución, crean distintas capacidades informacionales. Así como el diario funcionamiento, incluyendo la alimentación, crea cambios en la genética de los seres humanos a través de la vida. Un factor material, es la cantidad de neuronas que se están utilizando para pensar, versus la cantidad de neuronas del cerebro. No todos los seres humanos, tenemos la misma proporción, entre la masa corporal y la masa cerebral. Esta relación se suele llamar índice cefálico. Para compararnos con otros animales y hacer más dramática la diferencia, la relación entre la masa corporal y la masa de nuestro cerebro, es de 35. Somos seguidos por el chimpancé con 5.2 y en tercer lugar, el orangután con 3. Etc. (Pinillos, La Mente Humana, 1970). Esto nos dice, que estamos mejor equipados que cualquier otro animal para el proceso informático. Las diferencias no son tan dramáticas dentro de los seres humanos, pero el punto es señalarlas.

Veamos la función de un ser dentro de un equipo, versus su capacidad informacional con respecto a otros seres en el equipo. Este elemento tiene presente la función del ser dentro del equipo, su especialización dentro de él. Una célula cerebral, tiene una función diferente a una célula en un músculo. La primera está concebida para un trabajo y la segunda para otro; sus funciones están especializadas. La una, procesa información de una manera diferente a la otra, podemos decir, tienen capacidad informacional diferente. Al nivel del ser humano sucede algo parecido. Un hombre y una mujer tienen funciones humanas distintas. El hombre aporta mitad de los genes del ser humano que va a nacer. La mujer además de aportar la otra mitad, lo nutre, extiende el fuego, toma la responsabilidad de protegerlo y al nacer, continúa alimentándolo. Funciones bastante diferentes, que de alguna manera influyen, no en el proceso informacional per se, pero sí en la verdad particular. En cualquiera de los casos, creando un paradigma de protección a los hijos y entonces, dando un punto de referencia diferente a la capacidad informacional; en este caso la parte, la madre, tiene más afinidad con el hijo que otra parte, el padre, hablando de un contexto familiar. Esto es conceptual y no garantiza resultados sobre especímenes específicos.

Se dan muchas discusiones sobre inteligencia y conciencia. Lo mismo que entre información y conocimiento. La conciencia puede relacionarse a la capacidad de definir necesidades, y/o fijar prioridades. La inteligencia, puede relacionarse a la capacidad de suplir las necesidades, y/o a ejecutar lo que se requiere para satisfacerlas. La información describe y delimita el sistema, inclusive, describe diferentes sistemas con los mismos elementos. El conocimiento puede definir, cómo un sistema, puede comportarse en la realidad. Podemos asociar la inteligencia con la información; y la consciencia con el conocimiento.

Dijimos que no podemos conseguir ideas perfectas. Pero podemos tener ideas sólidas. Una idea es sólida si se acerca a la verdad general. Obtenemos ideas sólidas, cuando revisamos el sistema y el proceso desde varios puntos de vista y le damos varias interpretaciones, realizando un juicio que nos permite consistencia entre el objeto o modelo y lo que este es. O sea, si tenemos un objetivo en mente, este es sólido si, el sistema es consistente, sus propiedades y limites son indistintamente definidos y el proceso que se busca, al ser revisado desde varios puntos de vista, genera diferentes interpretaciones, donde al menos la mayoría de las interpretaciones son consistentes.

info@matterinfolife.com

Inteligencia Y Consciencia

La inteligencia es un proceso relacionado con asuntos concretos, sobre percepciones, lo que hemos denominado objetos. La inteligencia puede entenderse como la capacidad de aprender y seguir reglas discriminando acciones. Nace de procesos estadísticos y permite entender la forma como se estructuran los sistemas y cómo funcionan los procesos.

La consciencia es un proceso relacionado con asuntos abstractos, sobre discriminaciones, lo que hemos denominado modelos. La conciencia puede entenderse como la capacidad de construir y dar consistencia a los elementos, donde la inteligencia no tiene bases, re-creando reglas y creando lo que no existe.

Unos seres vivos crean problemas, otros los resuelven. Estoy pensando en nuestro cerebro. Una parte del cerebro puede solucionar un problema de transporte. La otra parte puede crear un problema, al encontrar que la solución de transporte no es tan placentera.

Conocimiento es una información única. El conocimiento es información que es pareada con los hechos. El conocimiento no se puede transmitir, pues es el resultado directo de vivir, lo que experimentamos. Usamos la información para comunicarnos, creando códigos que son objetos en nuestra mente y seres al transformar la materia. Como dijimos, el pez que Confucio visualizó, es único, y el pez que usted visualiza, es único. Similar al concepto expuesto en almacenar información, usted puede tener la idea de lo que es un pez con un dibujo. Mejorarla con una foto. Pero solo tendrá conocimiento cuando uno de estos animales, salte ante sus ojos, sienta la temperatura de su cuerpo, palpe las escamas y la grasa en su cuerpo, etc. Como ejemplo, digamos que una madre, que su oficio es planchar, quiere que su niño no se queme. El niño nunca se ha quemado. Luego, la madre le transmite información al niño, que no tiene esa experiencia o conocimiento, que no toque la plancha, pues se va a quemar y eso duele. El niño en su curiosidad, quiere tocar la plancha y no tiene conocimiento de lo que significa quemarse, como dijimos. Aquí, la madre tiene varias opciones, pero ¿Qué decisión tomar? ¿Pegarle, para que él no se queme? ¿Aprenderá lo que es quemarse si la madre le pega? ¿Bajar la temperatura de la plancha y dejar que aprenda a que es eso de quemarse? ¿Seguir diciéndole que no la toque? ¿Qué haría usted? En fin, un punto en todo esto, es el proceso de educación. Pero estamos hablando de comunicación, y como le puede la madre enseñar a su hijo, que la plancha quema, sin que él se queme. Desde el punto de vista informático, es prácticamente imposible. La madre tiene un umbral de dolor diferente al del hijo. El niño tiene unas manos más desprotegidas. El dolor, es una sensación o percepción diferente a escuchar o ver. A todo esto ¿Qué hacer? Algunas madres, como una madre que mostraron en la época critica del apartheid en Suráfrica, decía que ella misma mataría a su hijo, antes que verlo casado con una mujer de color. Esto, para señalar los extremos a los que podemos ir, cuando estamos en desacuerdo, o el desacuerdo en los métodos de enseñanza. Esto pudiera transformarse a que la madre queme al hijo, para enseñarle, o menos drástico, que le "permita", después de insistir un determinado número de veces, que el niño aprenda por sí solo, que él ponga la mano y se queme, pues no hay forma de comunicar la sensación de dolor que sentimos al quemarnos con una plancha. En fin, este caso, muestra diferencias entre información y conocimiento.

info@matterinfolife.com

La conciencia es parte de nuestra capacidad informacional. De alguna manera la podemos relacionar a la moral, modelo abstracto de comportamiento. Miremos como clasifica la moral un libro especializado. James Rachels – Stuart Rachels en Los Elementos de Filosofía Moral, nos habla de los estados en el desarrollo moral de Kohlberg. Empezando en el más básico:

- Obedecer la autoridad y evitar el castigo.

- Satisfacer nuestros deseos y permitir que otros hagan lo mismo, a través de intercambios justos.

- Cultivar nuestras propias relaciones y realizar los deberes en nuestros roles sociales.

- Obedecer la ley y mantener el bienestar del grupo.

- Respaldar los derechos básicos y los valores de nuestra sociedad.

- Actuar bajo conceptos o principios morales universales.

Miremos lo que dice Mira y López sobre el deber, que por la noción abstracta, puede relacionarse a la noción moral y también a otros elementos, como el miedo, la ira y el amor, que en último término, no tienen nada que ver con la inteligencia, sino con la conciencia de cada individuo. Usualmente, la respuesta que dan las personas, a una pregunta sobre un dictamen de la consciencia, es: "no sé". Ejemplo, ¿Por qué lo amas? No, sé. Es… ¿Por qué te da ira? No, sé. Es… Ahora sí, Mira y López:

> "Pues bien: tres son las emociones primarias, en las que se inscribe toda la gama de reflejos y deflejos de huída, agresión y fusión posesiva. Sus nombres más comunes son: EL MIEDO, LA IRA y el afecto o AMOR. La energía que ellas

son capaces de movilizar y vehicular es tan inmensa, que cuanto el hombre ha hecho de bueno y de malo sobre la Tierra, se debe, fundamentalmente, cargar en su cuenta.

Pero, desde hace ya muchos siglos, los seres humanos no viven aislada y anárquicamente sobre la corteza del planeta, sino que constituyen grupos y, por ello, cada individuo requiere —de buen grado o por fuerza— la categoría de 'homo socialis'. Y aquí entra en juego otra inmensa fuerza, predominantemente represiva de las anteriores, que es vulgarmente conocida con los nombres de ley, obligación, costumbre, norma, tradición, etc., no solamente contenida en códigos y mandamientos más o menos sagrados, sino almacenada en determinadas 'autoridades', que usan su poder, para cuidar que sea introducida equitativamente en cada cerebro, apenas éste es capaz de recibirla. A esa cuarta fuerza vamos a denominarla, globalmente, DEBER.

Ciertamente, no es posible considerar a esta nueva faz en el mismo plano que las anteriores; no es, en primer lugar, congénita, ni tampoco cabe incluirla en el calificativo genérico de las emociones. Pero, como veremos en el momento oportuno, es capaz, muchas veces, de conmocionar al hombre y de hacerle, en ocasiones, resistir el embate de cualquiera de ellas o, inclusive, de todas juntas. Al igual que el miedo, la ira o el amor, el DEBER, cuando no es satisfecho, puede no solamente morder, sino remorder en las entrañas ánimicas y conducir a los máximos sufrimientos y al suicidio. Puede, pues, parangonarse, sin menoscabo, con los tres gigantes 'naturales', este gigante 'social' que, en cierto modo, deriva de ellos y contiene algo de cada uno en su singular textura."

La inteligencia y la conciencia, se pueden ver entonces como la razón y la emoción. La inteligencia, la podemos ver como el estudio de la física, el proceso analítico, el estudio de las partes y sus interacciones, separando todos. La consciencia, la podemos ver como el estudio de los sistemas, el proceso sintético, el estudio de los todos y sus acciones, integrando partes. La primera, la inteligencia, discrimina y compara objetos, estudia posibles interacciones y descubre su operar, identifica la(s) función(es). La segunda, la consciencia, como proceso informático, también discrimina y compara objetos, pero a diferencia de la inteligencia, estos objetos son sintetizados bajo clasificaciones abstractas, creando los modelos ya mencionados, llegando a descubrir conexiones netamente informáticas, como intención(es) y objetivo(s).

Para llevar estos conceptos a ideas más familiares. Digamos que la inteligencia está dada por IQ[42], el índice de la inteligencia lógica, el razonamiento. La conciencia está dada por IE, Inteligencia Emocional, término acuñado por Daniel Goleman, del cual todavía no conozco un índice, pero que puede ser desarrollado, la emoción. Llevando estos al modelo tradicional del cerebro, tendríamos, un lóbulo del cerebro haciendo los análisis y el otro revisando las emociones, todo al mismo tiempo. Claro, si usted es frío, completamente material, inclinado solo a la razón, digamos insensible, pensará distinto a si usted es cálido, completamente ideal, inclinado solo a la emoción, digamos sensible. Aquí, podemos

---

[42] IQ, del inglés, intelligence quotient, cociente de inteligencia. IE es inteligencia emocional, del inglés, EI, Emotional Intelligence.

www.matterinfolife.com

hablar de ideas paralelas, la una no se relaciona con la otra, no se tocan, pero se complementan. Culturalmente se le ha dado más importancia a la razón, a la lógica. Daniel Goleman, muestra como las emociones, marcan más el camino de los poderosos, algunos de ellos ambiciosos idealistas, con un optimismo grande y de una practicidad impresionante, donde el fin justifica los medios. Los que se ven a sí mismos manejando personas, en un medio social, como manejando maquinas automáticas, solucionando problemas lógicos para ellos. El modelo de Benziger, es tal vez más apropiado al hablar de concreción y abstracción. Donde las partes basales de ambos lóbulos, manejan la concreción, inteligencia y las partes frontales de ambos lóbulos, manejan la abstracción, consciencia.

En la teoría, puede decirse, que uno, posee solo uno de estos dos integrantes clásicos de la mente, inteligencia y consciencia. Pero no es así en la práctica, en la práctica hay niveles, nadie es completamente racional, nadie es completamente emocional. Los diferentes niveles en racionalidad y sentimentalismo, crean innumerables verdades particulares; en la práctica, infinito número de capacidades informacionales. La inteligencia, nos permite cuidarnos materialmente, optimizando por encima de cualquier persona; eficiencia y eficacia. Necesitamos pensar en nosotros. La consciencia nos permite cuidarnos emocionalmente, cuidando a los que están "cerca" a nosotros. Necesitamos pensar en los otros. Allí ya tenemos un desequilibrio para controlar, en él trabajamos permanentemente, ¿Vale más usted o yo? ¿Vale más una mujer que un hombre? ¿Un adulto que un niño? A algunos nos enseñaron a pensar primero en los otros, pero ¿Está eso bien? A otros los dijeron piensen primero en usted, ¿Está eso bien? Cada uno tiene que decidir, todos tenemos razones y emociones sobre las cuales pensar, antes de actuar. Razones para aparecer como buenos ante los demás, o sentimientos, para sentir que debemos ser buenos y tener un mundo mejor.

La inteligencia habla de eficiencia, eficacia. La consciencia, habla de ética y estética. La efectividad estará dada por el buen equilibrio entre la inteligencia y la conciencia (Checkland). Debemos pensar en ser eficientes y eficaces con los seres inertes y respetar la ética y la estética de las personas y pedir que se nos respeten las nuestras. La inteligencia, nos lleva a mejorar equipos, a reducir costos o desperdicios. La conciencia nos lleva a respetar a los demás y a hacernos respetar. Cuando se trata de respetar, nosotros ponemos el nivel de respeto que damos. Cuando se trata de hacernos respetar, nosotros ponemos el nivel de respeto que recibimos. En cualquiera de los dos casos, nuestra verdad particular da la medida para el respeto, hablamos de autoestima o respeto a los demás. Eleonor Roosevelt decía que solo nos irrespetarán si nosotros lo aceptamos, lo decía refiriéndose al aspecto informático.

Para los seres humanos, la capacidad informacional tiene otro orden o nivel, lo podemos decir por experiencia, al ver las transformaciones asimbióticas que el humano ha hecho en la naturaleza. Pero no tenemos dominio exclusivo de la conciencia, como mencionan ciertos autores. Otros seres vivos, transforman la naturaleza, pero lo hacen desde un nivel inferior, desde un nivel de inteligencia y consciencia inferior a nosotros los humanos. Los humanos, con el desarrollo de complicados códigos como la escritura, permitidos por la abstracción, hemos creado memoria externa a los seres vivos. Estas memorias externas, realmente nos separan de cualquier otro ser vivo. Empezamos en las cavernas, con simples trazos sobre las paredes, pasando por el papiro, con jeroglíficos y el papel, ya con la escritura, hasta llegar a los computadores; todas estas herramientas han potenciado nuestro manejo de información. Sin ellas, no estaríamos donde estamos tecnológicamente. Transferencia de información de un humano a otro, sin que el humano que tiene la información, tenga que estar cerca del que la recibe. Así las ideas se han esparcido y complementado, creando lenguajes sintetizadores y cuantificadores como las matemáticas, que tanto ha ayudado a extender la información y formar nuevo conocimiento.

Ideas Sólidas, Información A Toda Distancia

Hemos dicho que la vida es un asunto integral, entre materia e información. La verdad particular, comprende toda la información que usted tiene almacenada por cualquier vía, herencia o experiencia. La verdad convencional, es la información que compartimos con otros, según cada grupo. La verdad general, es la materia con todas sus estructuras y propiedades emergentes.

Las ideas son sólidas, si pasan las tres pruebas de la verdad. La verdad particular, la verdad convencional y la verdad general.

Para crear una idea, el ser vivo debe seguir un proceso informático. Por crear, me refiero a materializar la idea. La materia interactúa y se auto percibe, son los cambios. El ser vivo, con la consciencia, discrimina y con la inteligencia, compara. El ser vivo, almacena lo discriminado y comparado, información, con la ayuda de la materia y en último término, los resultados son el juicio final la idea.

La primera etapa en la prueba de la idea, es la prueba de la verdad particular. El individuo que la genera, con su capacidad informacional, las calibra usando su inteligencia y su consciencia. Por supuesto, cuando usted está pensando, existe un intercambio de información entre células o grupos de ellas, por medios

info@matterinfolife.com

materiales. En este intercambio, usted es la referencia para el proceso, una referencia muy "alta", pues usted es un sistema de 10^{28} partículas aproximadamente. Pero como en sus ciclos, usted es la referencia, usted es un todo creando ideas. En algún momento de la creación de la idea, usted decide que la idea está madura y ya da validez a esta primera prueba. ¿Quién decidió que la idea era sólida? Usted. ¿Quién ganará si la idea es sólida como usted piensa? Usted. Su equipo de 10^{28} partículas que lo estructuran a usted, dan el veredicto, la idea es sólida.

La segunda etapa, en la prueba de la idea, es la prueba de la verdad convencional. En esta etapa, usted como autor de la idea, está iniciando una acción informática fuera de usted, una exteracción. Usted está compartiendo información, se comunica con otro sistema. El sistema más pequeño que existe, está formado por dos unidades. En este paso, usted y otra persona. En el primer paso de esta etapa, usted discute sus ideas con la otra persona. Después de comunicarse con esa persona, esa persona hará un juicio final, donde ha usado la verdad particular y la capacidad informacional propias. El juicio final de la otra persona es, la idea tiene solidez, sí, o no. Si pasa, su idea ya tomó dirección hacia pasar la verdad convencional. Pero una golondrina no hace verano, se requiere una masa crítica, aún en presencia de un catalizador. Usted deberá conseguir paso a paso, la masa crítica, para que su idea sea validada y pase la prueba de la verdad convencional. Al tener las proporciones adecuadas, la idea se considera validada, tiene validez convencional. En la comunicación de las ideas, se tienen dos puntos de vista o niveles, la información y el conocimiento. La inteligencia permite entender, discriminar los límites físicos de la idea, razones o lógica. La consciencia, permite, discriminar los límites abstractos de la idea, emociones o intenciones.

www.matterinfolife.com

La tercera etapa en la prueba de la idea, es la prueba de la verdad general. En esta etapa, usted como autor de la idea y los individuos "requeridos" como co-autores, que validaron la segunda etapa, trabajan en equipo intercambiando información, usando recursos y herramientas para transformar materia y conseguir crear la idea, construir lo que se definió. Cuando se pasa esta última etapa, se puede revisar la solidez de la idea, antes no. Este concepto de solidez, se puede aplicar a cualquier idea, no se está hablando de perfección, se está hablando de consistencia, lo que se dijo que la idea era, o quiso producir, termina probándose, cuando se comparan las especificaciones que se dieron del producto o servicio, al inicio del proyecto, con lo que se entrega al final del proyecto. En otras palabras, la realidad del producto o servicio refleja lo que se diseñó.

Miremos un ejemplo. El casamiento de una pareja. En este caso, la idea de casarse sale de una de las dos personas. El autor de la idea, debe haber negociado consigo mismo y reflexionado según parámetros culturales y el conocimiento de la contraparte, si es, o no es el momento. Si el análisis ha sido correcto, la contraparte debería aceptar al instante. Usualmente, según Benziger la contraparte complementa a la pareja informáticamente. Muy posiblemente se inicia un proceso de negociación. En el proceso se ponen condiciones según la cultura: "No tenemos casa", "No hemos dicho cuántos hijos", o "No nos conocemos tan bien como para dar ese paso", etc. Finalmente, después de un proceso de negociación, y algunos movimientos materiales, se da paso a la comunicación de otros interesados. Y digamos se pasa la prueba convencional. La idea se juzgará sólida al final del matrimonio. Dependiendo principalmente del motivo de separación. Digamos que si después de un periodo de años "razonable", muere uno de los dos, entonces la idea se puede juzgar como sólida, si, tuvieron casa independiente, hijos y fueron "felices". Usted puede tomar un proyecto para juzgar la solidez de los conceptos y definir si la idea de este fue sólida o no.

Los niveles en la capacidad informacional quedan fácilmente definidos cuando miramos la estructura. Una célula procariótica tiene menos capacidad informacional que una eucariótica y éstas, menos que las colonias o seres multicelulares como nosotros. Luego, nuestra "gran" diferencia con otros animales, no está dada por qué poseamos algún elemento informático exclusivo, es por el nivel o grado en la capacidad informacional. Ahora, cuando miramos los procesos informáticos de consciencia e inteligencia, podemos entender que cualquier ser vivo tiene algún grado de consciencia y algún grado de inteligencia. La consciencia identifica, define las situaciones, asigna prioridades, es estratégica y la inteligencia, usa las restricciones, maneja los recursos, mantiene la disciplina, es táctica. Si no existe el objetivo básico, el deseo de vivir, que es dado por la consciencia, no hay nada para resolver por parte de la inteligencia.

Resumiendo el concepto de la vida, no nos podemos ver como un bloque de materia con vida; somos complejas estructuras de seres vivos. Estas estructuras empiezan con un mínimo de capacidad informacional y van adquiriendo diferentes capacidades según la estructura. Con más conocimiento del proceso informático, encontraremos claramente, dónde, la división de la materia viva pierde su capacidad informacional. Hay tanto instinto en los humanos, como en otros animales, pero, la capacidad de abstracción de nosotros los humanos, permite construir conceptos informacionales únicos, que nos han distanciado de ellos. Integrando los conceptos de usos de la información y niveles de la capacidad informacional, podemos entender que la humanidad es un ser vivo. El uso de la tecnología informática, permitirá con el tiempo, como en el proceso de crecimiento de todo ser vivo, que la humanidad funcione como ese ser vivo que es y pueda como sistema, dar participación a todas sus partes. Cuando llegue ese momento, habrá llegado el superhombre:

> "Y el superhombre no renegará de su origen animal, ni seguirá empecinado en aparentar lo que no es: pero sabrá reducir las distancias entre sus ensueños ideales y sus realizaciones prácticas. Ese día, del dicho al hecho, ya no habrá un gran trecho; de lo prometido a lo cumplido, apenas mediará distancia axiológica; la coacción del grupo será imperceptible; la competición se habrá transformado en cooperación; no habrá lucha *para* la vida, sino *emulación* en la vida; no se aspirará a ser rico, ni famoso, ni poderoso, ni genial ni santo… se aspirará a hacer de la propia vida, una obra armónica – que por serlo será justa y bella – en relación con la gran vida universal, de la que nosotros somos, apenas, instantáneos e ínfimos momentos." (López, 1965).

Por ahora, es necesario entender, que cada ser vivo, se crea su vida con fe en sus planes del futuro y con el valor para luchar por ellos.

info@matterinfolife.com

Bibliografía

Alonso, M., & Finn, E. J. (1970). *Fisica Volumen II, Campos y Ondas.* Mexico D. F.: Fondo Educativo Interamericano, S. A.

Arango, C. (2011). *Comments By Catalina.* Miami: Catalina Arango.

Arango, J. D. (2010, 7 21). *Information and living things.* Retrieved 9 23, 2010, from ISSS - International Society of Systems Science: http://journals.isss.org/index.php/proceedings54th/article/view/1391

Ashby, W. R. (1957). *An Introduction To Cybernetics.* London: Chapman & Hall Ltd.

Benziger, K. (2000). *Maximizando el potencial de sus talentos.* Carbondale: KBA, LLC Publishing.

Bertalanffy, L. V. (1976). *Teoria General de los Sistemas* (1ra edicion ed.). (J. Almela, Trans.) Bogota: Fondo de cultura economica.

Checkland, P. *Metodologia de los Sistemas Suaves en Acción.*

Colvin, G. (2008). *Talent Is Overrated: What Really Separates World-Class Performers from Everybody Else.* New York: Penguin Group.

Covey, S. R. (2009). *Los 7 hábitos de la gente altamente efectiva.* Bogotá: Ediciones Paidos Ibérica, S.A.

Dupage. (n.d.). *Prokaryotic and Eukaryotic Cells.* Retrieved 09 29, 2010, from College of Dupage: http://www.cod.edu/PEOPLE/FACULTY/FANCHER/ProkEuk.htm

Jacob, E. B., & Shapira, Y. (2004). *Meaning-Based Natural Intelligence...* Tel Aviv: Tel Aviv University.

Language., T. A. (n.d.). *Information*. Retrieved 12 8, 2010, from The Free Dictionary: http://www.thefreedictionary.com/information

Larousse. (2007). *Diccionario Manual de la Lengua Española.* Vox: Larousse Editorial, S.L.

Lengua, R. A. (2009). *WordReference.com From the Real Academia Española - Vigesima segunda edicion*. Retrieved 09 24, 2010, from Word Reference: http://www.wordreference.com/es/en/frames.asp?es=vida

Livas, J. (2009, 07 06). *Stafford Beer.* Retrieved 10 07, 2010, from Youtube: http://www.youtube.com/watch?v=7O09FPHuCQQ

López, E. M. (1965). *Cuatro gigantes del Alma.* Miami: El Ateneo.

Periodic Table of elements. (n.d.). Retrieved 09 28, 2010, from Periodic Table of elements: http://www.ptable.com/

Peter, L. J., & Hull, R. (1979). *El Principio de Peter.* Barcelona: Plaza y Janes S.A.

Pinillos, J. L. (1970). *La Mente Humana.* Navarra: Salvat Editores S.A.

Pinillos, J. L. (1970). *La Mente Humana.* Estella: Salvat Editores, S. A.

Rodriguez G., A. (2003). *Artefactos, Diseño Conceputal.* Medellín: Fondo Editorial Universidad Eafit.

Ropke, W. (1957). *Más allá de la oferta y la demanda*. Ginebra: Ropke.

Rosen, R. (2003). *Anticipatory Systems*. Rosen Enterprises.

Russell, B. (1949). *Autoridad e Individuo*. México: Fondo de Cultura Economica.

Utah, U. o. (n.d.). *Cell Size and Scale*. Retrieved 12 2, 2010, from Learn.genetics: http://learn.genetics.utah.edu/content/begin/cells/scale/

Wikipedia. (2010, Junio 29). *La Paradoja de Russell*. Retrieved Agosto 20, 2010, from Wikipedia, la enciclopedia libre.: http://es.wikipedia.org/wiki/Paradoja_de_Russell#La_paradoja_en_t.C3.A9rminos_del_barbero

Wikipedia, v. e. (n.d.). *Historia de la astronomia*. Retrieved June 30, 2010, from http://es.wikipedia.org: http://es.wikipedia.org/wiki/Historia_de_la_astronom%C3%ADa

info@matterinfolife.com

Glosario:

1-2-3 ó uno, dos, tres. 1 ser, 2 objetos, 3 elementos. Nemotécnico para recordar que existe un ser, la materia. Que existen objetos, representaciones de ese ser según su estructura. La representación de un vaso, por parte del lector, crea un objeto y la del escritor, crea otro, luego, dos objetos. Qué elemento se refiere a cualquier ser u objeto y en ese caso, tenemos tres elementos. El ser es uno; los dos objetos, el suyo y el mío; todos sumados son tres elementos.

Abstraer: Identificación de elementos. La abstracción es un paso necesario en el proceso informático. Mientras en discriminar se diferencian los elementos, en abstraer se selecciona un elemento representativo. Un ejemplo es cuando juzgamos la conducta de una persona por un solo hecho, o más aún, por parte de lo que este hecho representa.

Acción: Elemento perturbador. La acción, es el elemento más básico de un proceso. Una acción, cambia la dirección del movimiento de una partícula, o un elemento de un sistema.

Capacidad informacional: Proceso donde se abstrae o discrimina una percepción de un sistema, un estado, o un grupo de ellos. La capacidad informacional solo es posible para los seres vivos.

Control: Resultado de una acción, que obliga a un ser, a seguir una acción establecida por otro. El control es un concepto que se deriva del concepto de equilibrio, donde un ser obliga a otro a mantener un estado de equilibrio. La fuerza de gravedad, crea la idea de control sobre los cuerpos, al atraerlos. Podemos decir que la tierra "controla" la órbita de la luna, pero esto, es un equilibrio, por acción mutua entre la gravedad de ambos astros y la inercia propia de la masa de la luna.

Discriminar: Delimitar una percepción. Discriminar es un proceso, una decisión, termina en decidir sobre lo que se percibe. Un ejemplo se tiene al ver una pintura abstracta, hay muchas decisiones sobre qué es lo que esta representa. Al discriminar creamos objetos.

Ejecutar: Transformar la estructura de una parte o pedazo de materia usando información. Ejecutar es una acción realizada por un ser vivo.

Elemento: Noción informática básica. Puede identificar un ser, o un objeto, o una acción entre ellos. De esta manera, un elemento puede representar cualquier cosa.

Emergente: Que surge espontáneamente. Emergente, se refiere a una propiedad que surge por acción de la transformación o combinación de elementos materiales. En la información, también se puede dar emergencia al pensar y combinar objetos, ideas, etc.

Estado: estructura material. Un estado refleja la posición de elementos. Sin capacidad informacional, no es posible derivar el cambio de las acciones de la materia que se da entre estados. En conceptos más comunes, un estado equivale a una fotografía. Al poner varias fotografías en las condiciones adecuadas, se da el movimiento que no existe, que es una creación de los seres vivos, a través de su capacidad informacional. Un estado esta dado por la ubicación de las partículas en un momento dado.

Estructura: Grupo de partículas materiales. Este grupo de partículas tiene conexiones tangibles o intangibles. Las conexiones entre las partículas, permiten que las partículas que están formando grupos, adquieran propiedades emergentes que responden a la combinación específica de partículas. Las mismas partículas, en diferentes combinaciones, crean grupos con distintas cualidades (propiedades).

Evento: Discriminación de una acción. Un evento, está compuesto de acciones entre límites definidos por el ser vivo que discrimina. Un evento puede verse como la transición entre dos estados de la materia. Un disparo es un evento. Este evento tiene varias acciones: apretar el disparador, golpear el fulminante, salida del proyectil, salida del casquillo etc.

Exteracción: Acción entre sistemas. Los sistemas son ideas que para crearlas requieren el proceso informático, son información. Luego, exteracción es, conceptualmente, una acción entre un sistema y otro sistema o su ambiente. El universo, al ser todo lo que existe, no puede exteractuar. Siendo la palabra sistema, un concepto informático, está producido por un ser vivo, se está creando un sub-universo y lo que se excluye es su ambiente. En este caso, el ser vivo es considerado un sistema. Al realizar acciones, el ser vivo está siendo parte de un proceso, donde el ser vivo, representa el sistema y ejecuta una acción externa al ser vivo, que también podemos llamar exteracción.

Hecho: cambio en la posición relativa de las partículas elementales, o en sus propiedades.

Información: Resultado de la capacidad informacional, representa la realidad para el ser que la procesa. En algunos casos es difícil diferenciar en este resultado qué es un ser o un objeto, un sistema o un proceso, un fin o un medio.

info@matterinfolife.com

Interacción: Acción entre partículas, no requiere de información. Conceptualmente, es una acción dentro de un sistema. La interacción básica es una acción entre partículas. Si todo lo que existe son partículas, lo que llamamos, el universo, solo existen interacciones. En este caso, todas las acciones se dan internamente, se dan dentro del universo, son interacciones. Considere las interacciones sin propósito, dependen de la actividad material, o sea de todas las partículas que existen.

Interpretación: juicio a un hecho que combina varios puntos de vista. Entre más puntos de vista mejor es la interpretación.

Límite: Concepto informático, que permite definir sistemas y procesos. Sin aplicar límites, no podemos discriminar. Cada ser vivo define límites al discriminar.

Materia: Partículas con masa y carga. En teoría hay unas partículas sin carga, los neutrones, ¿será posible? El conjunto de todas las partículas que existen conforman el universo. El elemento "natural" mínimo, es el átome. Como idea, todos los átomes tienen el mismo tamaño, lo cual es una idealización.

Modelo: Abstracción de características de los objetos, que permite comparar los objetos. La abstracción, retira partes del objeto para compararlas. Tenga presente el 1-2-3; un ser, dos objetos, tres elementos. Ejemplo: La geometría está construida con base en modelos. Existen infinidad de objetos con tres lados, en distintas formas. Para crear el modelo de triangulo, se requiere separar el objeto específico y configurado por las partes; tres lados, que a su vez forman tres ángulos y se les asigna un nombre: Triangulo.

Objeto: Resultado de una discriminación realizada por un ser vivo. Un objeto es intangible. Es la representación de un ser, hecha por

www.matterinfolife.com

un ser vivo. Los objetos requieren ser creados por los seres vivos. Es el resultado de una acción de la capacidad informacional de un ser vivo. Ejemplo de 1-2-3: si hay dos personas observando una mesa, existe una mesa, dos objetos y tres elementos. La mesa es el ser, las personas, cada una crean un objeto, luego, hay dos objetos y podemos decir que hay tres elementos.

Parte: Elemento de un sistema. Una parte, tiene el concepto de componente, esto es, de una unidad dentro de la discriminación que se realiza. Un ejemplo viene dado por las llantas de un carro. Refiriéndonos al caucho y al aro o rin. Todo el caucho-rin lo llamamos llanta. Si lo separamos tenemos el caucho y el aro. Pero si los corto por la mitad, obteniendo medialunas, tenemos pedazos de llanta y no partes de llanta. Las partes básicas del universo son las partículas elementales, antes llamadas átomos, con su masa y carga.

Paso: Parte de un proceso. Un paso, puede tener varias acciones.

Pedazo: Fracción de un sistema o de una parte de él. Un pedazo, tiene el concepto de una fracción de un componente, no representa una unidad dentro del sistema. En el caso de un carro, usando el mismo ejemplo de la parte, si cortamos la llanta (caucho-rin) en 2 tendremos 4 pedazos de llanta. Inicialmente parecen 2 medialunas. Si imaginamos una parte fundamental del universo, un electrón, fotón, protón, como una bola de cristal; cuando ésta se estrella en un acelerador de partículas, se crean pedazos. Estos pedazos, pueden ser los que se definen como partículas de corta vida.

Pensar: acción entre abstracciones o discriminaciones.

info@matterinfolife.com

Percepción: Recepción de una acción. La percepción puede darse directamente, por choque, o indirectamente por ondas generadas por choques.

Planear: Pensar con una acción en mente. (Diccionario)

Predicado: Nombre que se le da a la acción realizada por un ser, o que confirma su existencia. El predicado complementa al sujeto en la oración.

Proceso: acciones entre seres. La identificación de los procesos requiere uso de información. Las acciones más básicas son: transformación y transporte. El transporte puede identificarse como una transformación de un sistema, pues al cambiar de posición uno o varios de sus elementos, se genera una nueva estructura. Una nueva estructura representa una transformación de la anterior.

Punto de vista: Juicio a un hecho, desde una posición materia, o desde una posición informática. Sus puntos de vista nacen de su verdad particular, a través de su capacidad informacional.

Realidad: ver verdad particular.

Ser: Cualquier partícula, grupo de partículas o sub-partículas. Un ser es tangible. Es algo que existe en sí mismo. Algo material; los seres tienen masa y carga.

Sorites: Lógica. Serie de proposiciones encadenadas de modo que el predicado de cada una de ellas, pasa a ser sujeto de la siguiente, hasta que en la conclusión, se une el sujeto de la primera con el predicado de la última. (Diccionario Enciclopédica Vox 1. © 2009 Larousse Editorial, S.L.)

Sujeto: Nombre que se le da al ser en la oración, para definir su existencia o capacidad de actuar. El sujeto, se complementa con el predicado en la oración.

Verdad Convencional: Todos los elementos que contribuyen a formar la realidad de una colectividad o grupo de seres vivos, lo que el grupo cree que es válido; la cultura. La verdad convencional puede verse como los límites informáticos de la comunidad. La cultura se basa en la información colectiva, en la información que los individuos comporten. La verdad convencional cambia a medida que se vive. La verdad convencional es única para cada grupo, independiente de su tamaño. Las dificultades en las comunidades se presentan por qué no toda la información de los individuos es convencional. La información que se comparte es convencional para el grupo, independiente del tamaño, la que no se comparte es particular a cada individuo, es verdad particular. Podemos decir, que la verdad convencional se forma de compartir elementos de la verdad particular.

Verdad Particular: Todos los elementos que contribuyen a formar la realidad de un ser vivo, lo que este ser vivo cree que es cierto; la realidad. La verdad particular puede verse como los límites informáticos de los seres vivos, o sea, la realidad de cada individuo. La realidad de cada uno, se basa en la información que posee de sí mismo y del resultado de sus acciones con su ambiente. La verdad particular, cambia a medida que se vive. La verdad particular, es única para cada individuo.

Vida: Proceso material que resulta cuando una materia adquiere capacidad informacional. Al ser que tiene vida se le llama ser vivo. Los seres vivos realizan procesos discriminatorios según su capacidad informacional. El resultado de un proceso

info@matterinfolife.com

discriminatorio es información. La vida es un proceso controlado con el objetivo de vivir. Mantener la vida, requiere el uso de información.

www.ingramcontent.com/pod-product-compliance
Lightning Source LLC
Chambersburg PA
CBHW061301110426
42742CB00012BA/2004